U0249609

建筑与市政工程施工现场专业人员
考核评价大纲

住房和城乡建设部人事司
中国建设教育协会　组织编写

中国建筑工业出版社

图书在版编目（CIP）数据

建筑与市政工程施工现场专业人员考核评价大纲 / 住
房和城乡建设部人事司等组织编写 . —北京：中国建筑
工业出版社，2013.12

ISBN 978-7-112-16180-5

Ⅰ. ①建… Ⅱ. ①住… Ⅲ. ①建筑工程-施工管理-
建筑师-资格考试-考试大纲 ②市政工程-施工管理-建筑
师-资格考试-考试大纲 Ⅳ. ①TU71-41

中国版本图书馆 CIP 数据核字（2013）第 286713 号

责任编辑：朱首明　刘平平
责任校对：肖　剑　陈晶晶

建筑与市政工程施工现场专业人员考核评价大纲

住房和城乡建设部人事司

中国建设教育协会　组织编写

*

中国建筑工业出版社出版、发行（北京西郊百万庄）
各地新华书店、建筑书店经销
北京红光制版公司制版
廊坊市海涛印刷有限公司印刷

*

开本：787×1092 毫米　1/16　印张：7¼　字数：170 千字
2013 年 12 月第一版　　2016 年 8 月第七次印刷
定价：**22.00** 元
ISBN 978-7-112-16180-5
（24931）

住房和城乡建设部司函

建人专函〔2012〕70 号

关于印发《建筑与市政工程施工现场专业 人员考核评价大纲(试行)》的通知

各省、自治区住房城乡建设厅,直辖市建委(建交委),新疆生产建设兵团建设局, 有关部管社会团体:

根据《关于贯彻实施住房和城乡建设领域现场专业人员职业标准的意见》(建人 〔2012〕19 号)、《建筑与市政工程施工现场专业人员职业标准》(JGJ/T 250—2011), 我司委托职业标准编制组编写了《建筑与市政工程施工现场专业人员考核评价大纲 (试行)》。现将《建筑与市政工程施工现场专业人员考核评价大纲(试行)》印发给你 们,请参照试行。试行中有何意见建议,请与我司联系。

《建筑与市政工程施工现场专业人员考核评价大纲(试行)》电子版见中国建设教 育网(www.ccen.com.cn)。

中华人民共和国住房和城乡建设部人事司

2012 年 8 月 22 日

目　　录

施工员（土建方向）考核评价大纲

通　用　知　识

一、熟悉国家工程建设相关法律法规（权重0.03）

（一）《建筑法》
1. 从业资格的有关规定
2. 建筑安全生产管理的有关规定
3. 建筑工程质量管理的有关规定

（二）《安全生产法》
1. 生产经营单位安全生产保障的有关规定
2. 从业人员权利和义务的有关规定
3. 安全生产监督管理的有关规定
4. 安全事故应急救援与调查处理的规定

（三）《建设工程安全生产管理条例》、《建设工程质量管理条例》
1. 施工单位安全责任的有关规定
2. 施工单位质量责任和义务的有关规定

（四）《劳动法》、《劳动合同法》
1. 劳动合同和集体合同的有关规定
2. 劳动安全卫生的有关规定

二、熟悉工程材料的基本知识（权重0.03）

（一）无机胶凝材料
1. 无机胶凝材料的分类及特性
2. 通用水泥的品种、主要技术性质及应用
3. 建筑工程常用特性水泥的品种、特性及应用

（二）混凝土
1. 混凝土的分类及主要技术性质
2. 普通混凝土的组成材料及其主要技术性质
3. 轻混凝土、高性能混凝土、预拌混凝土的特性及应用
4. 常用混凝土外加剂的品种及应用

（三）砂浆
1. 砂浆的分类、特性及应用

2. 砌筑砂浆的技术性质、组成材料及其主要技术要求

3. 抹面砂浆的分类及应用

（四）石材、砖和砌块

1. 砌筑用石材的分类及应用

2. 砖的分类、主要技术要求及应用

3. 砌块的分类、主要技术要求及应用

（五）钢材

1. 钢材的分类及主要技术性能

2. 钢结构用钢材的品种及特性

3. 钢筋混凝土结构用钢材的品种及特性

（六）防水材料

1. 防水卷材的品种及特性

2. 防水涂料的品种及特性

（七）建筑节能材料

1. 建筑节能的概念

2. 常用建筑节能材料的品种、特性及应用

三、掌握施工图识读、绘制的基本知识（权重 0.05）

（一）施工图的基本知识

1. 房屋建筑施工图的组成及作用

2. 房屋建筑施工图的图示特点

（二）施工图的图示方法及内容

1. 建筑施工图的图示方法及内容

2. 结构施工图的图示方法及内容

（三）施工图的绘制与识读

1. 建筑施工图、结构施工图的绘制步骤与方法

2. 建筑施工图、结构施工图的识读步骤与方法

四、熟悉工程施工工艺和方法（权重 0.05）

（一）地基与基础工程

1. 岩土的工程分类

2. 常用地基处理方法

3. 基坑（槽）开挖、支护及回填方法

4. 混凝土基础施工工艺

5. 砖基础施工工艺

6. 桩基础施工工艺

（二）砌体工程

1. 常见脚手架的搭设施工要点

2. 砖砌体施工工艺

3. 石砌体施工工艺

4. 砌块砌体施工工艺

（三）钢筋混凝土工程

1. 常见模板的种类、特性及安拆施工要点

2. 钢筋工程施工工艺

3. 混凝土工程施工工艺

（四）钢结构工程

1. 钢结构的连接方法

2. 钢结构安装施工工艺

（五）防水工程

1. 防水砂浆防水工程施工工艺

2. 防水涂料防水工程施工工艺

3. 卷材防水工程施工工艺

（六）装饰装修工程

1. 楼地面工程施工工艺

2. 一般抹灰工程施工工艺

3. 门窗工程施工工艺

4. 涂饰工程施工工艺

五、熟悉工程项目管理的基本知识（权重 0.04）

（一）施工项目管理的内容及组织

1. 施工项目管理的内容

2. 施工项目管理的组织

（二）施工项目目标控制

1. 施工项目目标控制的任务

2. 施工项目目标控制的措施

（三）施工资源与现场管理

1. 施工资源管理的任务和内容

2. 施工现场管理的任务和内容

基 础 知 识

一、熟悉土建施工相关的力学知识（权重 0.07）

（一）平面力系

1. 力的基本性质

2. 力矩、力偶的性质

3. 平面力系的平衡方程及应用

（二）静定结构的杆件内力

1. 单跨静定梁的内力计算
2. 多跨静定梁的内力分析
3. 静定平面桁架的内力分析

（三）杆件强度、刚度和稳定性的概念

1. 杆件变形的基本形式
2. 应力、应变的基本概念
3. 杆件强度的概念
4. 杆件刚度和压杆稳定性的概念

二、熟悉建筑构造、建筑结构的基本知识（权重 0.15）

（一）建筑构造的基本知识

1. 民用建筑的基本构造组成
2. 砖基础、毛石基础、钢筋混凝土基础、桩基础的构造
3. 常见砌块墙体的构造，地下室的防潮与防水构造
4. 现浇钢筋混凝土楼板、预制装配式楼板的一般构造，楼地面的防水构造，室内地坪的构造
5. 钢筋混凝土楼梯的构造，坡道及台阶的一般构造
6. 屋顶常见的保温隔热构造，屋顶的防水及排水的一般构造
7. 变形缝的构造
8. 民用建筑的一般装饰构造
9. 排架结构单层厂房的一般构造，刚架结构厂房的一般构造

（二）建筑结构的基本知识

1. 无筋扩展基础、扩展基础、桩基础的基本知识
2. 钢筋混凝土受弯、受压和受扭构件的基本知识
3. 现浇钢筋混凝土楼盖、钢筋混凝土框架的基本知识
4. 钢结构的连接及轴心受力、受弯构件的基本知识
5. 砌体结构的基本知识
6. 建筑抗震的基本知识

三、熟悉工程预算的基本知识（权重 0.05）

（一）工程计量

1. 建筑面积计算
2. 建筑工程的工程量计算

（二）工程造价计价

1. 工程造价构成
2. 工程造价的定额计价基本知识
3. 工程造价的工程量清单计价方法基本知识

四、掌握计算机和相关资料信息管理软件的应用知识（权重 0.03）

1. Office 应用知识

2. AutoCAD 应用知识

3. 常见资料管理软件的应用知识

五、熟悉施工测量的基本知识（权重 0.10）

（一）标高、直线、水平等的测量

1. 水准仪、经纬仪、全站仪、激光铅垂仪、测距仪的使用

2. 水准、距离、角度测量的要点

（二）施工测量的知识

1. 建筑的定位与放线

2. 基础施工、墙体施工、构件安装测量

（三）建筑变形观测的知识

1. 建筑变形的概念

2. 建筑沉降观测、倾斜观测、裂缝观测、水平位移观测

岗 位 知 识

一、熟悉土建施工相关的管理规定和标准（权重 0.06）

（一）施工现场安全生产的管理规定

1. 施工作业人员安全生产权利和义务的规定

2. 安全技术措施、专项施工方案和安全技术交底的规定

3. 危险性较大的分部分项工程安全管理的规定

4. 高大模板支撑系统施工安全监督管理的规定

5. 实施工程建设强制性标准监督内容、方式、违规处罚的规定

（二）建筑工程质量管理的规定

1. 建设工程专项质量检测、见证取样检测内容的规定

2. 房屋建筑工程质量保修范围、保修期限和违规处罚的规定

3. 建筑工程质量监督的规定

4. 房屋建筑工程和市政基础设施工程竣工验收备案管理的规定

（三）建筑工程施工质量验收标准和规范

1.《建筑工程施工质量验收统一标准》中关于建筑工程质量验收的划分、合格判定以及质量验收的程序和组织的要求

2. 建筑地基基础工程施工质量验收的要求

3. 混凝土结构工程施工质量验收的要求

4. 砌体结构工程施工质量验收的要求

5. 钢结构工程施工质量验收的要求

6. 建筑节能工程施工质量验收的要求

二、掌握施工组织设计及专项施工方案的内容和编制方法（权重 0.08）

（一）施工组织设计的内容和编制方法

1. 施工组织设计的类型和编制依据
2. 施工组织设计的内容
3. 单位工程施工组织设计的编制方法

（二）专项施工方案的内容和编制方法

1. 专项施工方案的内容
2. 专项施工方案的编制方法
3. 危险性较大工程专项施工方案的内容和编制方法

（三）施工技术交底与交底文件的编写方法

1. 施工技术交底文件的内容和编写方法
2. 技术交底的程序

（四）建筑工程施工技术要求

1. 土方工程施工技术要求
2. 基础工程施工技术要求
3. 混凝土结构工程施工技术要求
4. 砌体结构工程施工技术要求
5. 钢结构工程施工技术要求
6. 屋面及防水工程施工技术要求
7. 建筑节能工程施工技术要求

三、掌握施工进度计划的编制方法（权重 0.08）

（一）施工进度计划的类型及其作用

1. 施工进度计划的类型
2. 控制性进度计划的作用
3. 实施性施工进度计划的作用

（二）施工进度计划的表达方法

1. 横道图进度计划的编制方法
2. 网络计划的基本概念与识读
3. 流水施工进度计划的编制方法

（三）施工进度计划的检查与调整

1. 施工进度计划的检查方法
2. 施工进度计划偏差的纠正办法

四、熟悉环境与职业健康安全管理的基本知识（权重 0.04）

（一）文明施工与现场环境保护的要求

1. 文明施工的要求

2. 施工现场环境保护的措施

3. 施工现场环境事故的处理

（二）建筑工程施工安全危险源分类及防范的重点

1. 施工安全危险源的分类

2. 施工安全危险源的防范重点的确定

（三）建筑工程施工安全事故的分类与处理

1. 建筑工程施工安全事故的分类

2. 建筑工程施工安全事故报告和调查处理

五、熟悉工程质量管理的基本知识（权重 0.04）

（一）建筑工程质量管理的特点和原则

1. 工程质量管理的特点

2. 施工质量的影响因素及质量管理原则

（二）建筑工程施工质量控制

1. 施工质量控制的基本内容和要求

2. 施工过程质量控制的基本程序、方法、质量控制点的确定

（三）施工质量问题的处理方法

1. 施工质量问题的分类

2. 施工质量问题的产生原因

3. 施工质量问题的处理方法

六、熟悉工程成本管理的基本知识（权重 0.06）

（一）工程成本的构成和影响因素

1. 工程成本的构成及管理特点

2. 施工成本的影响因素

（二）施工成本控制的基本内容和要求

1. 施工成本控制的基本内容

2. 施工成本控制的基本要求

（三）施工过程中成本控制的步骤和措施

1. 施工过程成本控制的步骤

2. 施工过程成本控制的措施

七、了解常用施工机械机具的性能（权重 0.04）

（一）土石打夯常用机械

1. 蛙式夯实机的性能与注意事项

2. 振动冲击夯的性能与注意事项

（二）钢筋加工常用机械

1. 钢筋调直切断机的性能与注意事项

2. 钢筋弯曲机的性能与注意事项

3. 钢筋冷拉机、冷拔机的性能与注意事项

（三）混凝土常用机械

1. 混凝土振捣机具的性能与注意事项

2. 混凝土泵的性能与注意事项

（四）垂直运输常用机械

1. 施工电梯的性能与注意事项

2. 常用自行式起重机的性能与注意事项

专 业 技 能

一、能够参与编制施工组织设计和专项施工方案（权重 0.10）

1. 编制小型建筑工程、单位工程施工组织设计

2. 编制分部（分项）工程施工方案

3. 编制基坑支护与降水工程、土方开挖工程专项施工方案

4. 编制模板工程、脚手架工程专项施工方案

5. 编制起重吊装工程专项施工方案

二、能够识读施工图和其他工程设计、施工等文件（权重 0.10）

1. 识读砌体结构房屋建筑施工图、结构施工图

2. 识读多层混凝土结构房屋建筑施工图、结构施工图

3. 识读单层钢结构房屋建筑施工图、结构施工图

4. 识读勘察报告、设计变更文件、图纸会审纪要等

三、能够编写技术交底文件，并实施技术交底（权重 0.12）

1. 编写土方、砖石基础、混凝土及桩基等基础施工技术交底文件并实施交底

2. 编写混凝土结构、砌体结构、钢结构等结构施工技术交底文件并实施交底

3. 编写屋面、地下室等防水施工技术交底文件并实施交底

四、能够正确使用测量仪器，进行施工测量（权重 0.08 ）

1. 使用测量仪器进行施工定位放线

2. 使用测量仪器进行施工质量校核

3. 使用测量仪器进行变形观测

五、能够正确划分施工区段，合理确定施工顺序（权重 0.10 ）

1. 划分多层混合结构、框架结构、钢结构工程的施工区段

2. 确定多层混合结构、框架结构、钢结构工程的施工顺序

六、能够进行资源平衡计算，参与编制施工进度计划及资源需求计划，控制调整计划（权重 0.12）

1. 应用横道图方法编制一般单位工程、分部（分项）工程、专项工程施工进度计划
2. 进行资源平衡计算，优化横道图进度计划
3. 识读建筑工程施工网络计划
4. 编制月、旬（周）作业进度计划及资源配置计划
5. 检查施工进度计划的实施情况，调整施工进度计划

七、能够进行工程量计算及初步的工程计价（权重 0.08）

1. 计算多层混合结构工程、多层混凝土结构工程的工程量
2. 利用工程量清单计价方法进行综合单价的计算

八、能够确定施工质量控制点，参与编制质量控制文件，并实施质量交底（权重 0.08）

1. 确定基础工程施工质量控制点，为编制质量控制措施、实施质量交底提供资料
2. 确定混凝土结构工程施工质量控制点，为编制质量控制措施、实施质量交底提供资料
3. 确定砌体结构工程施工质量控制点，为编制质量控制措施、实施质量交底提供资料
4. 确定钢结构工程施工质量控制点，为编制质量控制措施、实施质量交底提供资料
5. 确定建筑防水和保温工程施工质量控制点，为编制质量控制措施、实施质量交底提供资料

九、能够确定施工安全防范重点，参与编制职业健康安全与环境技术文件，实施安全、环境交底（权重 0.06）

1. 确定脚手架安全防范重点，为编制安全技术文件并实施交底提供资料
2. 确定洞口、临边防护安全防范重点，为编制安全技术文件并实施交底提供资料
3. 确定模板工程安全防范重点，为编制安全技术文件并实施交底提供资料
4. 确定施工用电安全防范重点，为编制安全技术文件并实施交底提供资料
5. 确定垂直运输机械安全防范重点，为编制安全技术文件并实施交底提供资料
6. 确定高处作业安全防范重点，为编制安全技术文件并实施交底提供资料
7. 确定基坑支护安全防范重点，为编制安全技术文件并实施交底提供资料

十、能够识别、分析施工质量缺陷和危险源（权重 0.03）

1. 识别分析基础、砌体结构、混凝土结构、装饰装修、屋面及防水工程中质量缺陷，分析产生原因
2. 识别施工现场与物的不安全状态有关的危险源，分析产生原因
3. 识别施工现场与人的不安全行为有关的危险源，分析产生原因

4. 识别施工现场与管理缺失有关的危险源，分析产生原因

十一、能够对施工质量、职业健康安全与环境问题进行调查分析（权重 0.03）

1. 分析判断施工质量问题的类别、原因和责任
2. 分析判断职业健康安全问题的类别、原因和责任
3. 分析判断环境问题的类别、原因和责任

十二、能够记录施工情况，编制相关工程技术资料（权重 0.04）

1. 填写施工日志，编写施工记录
2. 编写分部分项工程施工技术资料，编制工程施工管理资料

十三、能够利用专业软件对工程信息资料进行处理（权重 0.06）

1. 利用专业软件录入、输出、汇编施工信息资料
2. 利用专业软件加工处理施工信息资料

附注
通用知识执笔人：胡兴福
基础知识执笔人：赵 研 杨庆丰 张常明 郭宏伟 颜晓荣 张 琨
岗位知识与专业技能执笔人：危道军 程红艳 胡永骁

施工员（装饰方向）考核评价大纲

通 用 知 识

一、熟悉国家工程建设相关法律法规（权重 0.03）

（一）《建筑法》
1. 从业资格的有关规定
2. 建筑安全生产管理的有关规定
3. 建筑工程质量管理的有关规定

（二）《安全生产法》
1. 生产经营单位安全生产保障的有关规定
2. 从业人员权利和义务的有关规定
3. 安全生产监督管理的有关规定
4. 安全事故应急救援与调查处理的规定

（三）《建设工程安全生产管理条例》、《建设工程质量管理条例》
1. 施工单位安全责任的有关规定
2. 施工单位质量责任和义务的有关规定

（四）《劳动法》、《劳动合同法》
1. 劳动合同和集体合同的有关规定
2. 劳动安全卫生的有关规定

二、熟悉工程材料的基本知识（权重 0.03）

（一）无机胶凝材料
1. 无机胶凝材料的分类及其特性
2. 通用水泥的品种、主要技术性质及应用
3. 装饰工程常用特性水泥的品种、特性及应用

（二）砂浆
1. 砌筑砂浆的分类、组成材料及主要技术性质
2. 普通抹面砂浆、装饰砂浆的特性及应用

（三）建筑装饰石材
1. 天然饰面石材的品种、特性及应用
2. 人造装饰石材的品种、特性及应用

（四）木质装饰材料

1. 木材的分类、特性及应用

2. 人造板材的品种、特性及应用

3. 木制品的品种、特性及应用

（五）金属装饰材料

1. 建筑装饰钢材的主要品种、特性及应用

2. 铝合金装饰材料的主要品种、特性及应用

3. 不锈钢装饰材料的主要品种、特性及应用

（六）建筑陶瓷与玻璃

1. 常用建筑陶瓷制品的主要品种、特性及应用

2. 普通平板玻璃的规格和技术要求

3. 安全玻璃、节能玻璃、装饰玻璃、玻璃砖的主要品种、特性及应用

（七）建筑装饰涂料与塑料制品

1. 内墙涂料的主要品种、特性及应用

2. 外墙涂料的主要品种、特性及应用

3. 地面涂料的主要品种、特性及应用

4. 建筑装饰塑料制品的主要品种、特性及应用

三、掌握施工图识读、绘制的基本知识（权重0.05）

（一）施工图的基本知识

1. 房屋建筑施工图的组成及作用

2. 房屋建筑施工图的图示特点

（二）施工图的图示方法及内容

1. 建筑装修平面布置图的图示方法及内容

2. 楼地面装修图的图示方法及内容

3. 顶棚装修平面图的图示方法及内容

4. 墙柱面装修图的图示方法及内容

5. 装修详图的图示方法及内容

（三）施工图的绘制与识读

1. 建筑装修施工图绘制的步骤与方法

2. 建筑装修施工图识读的步骤与方法

四、熟悉工程施工工艺和方法（权重0.05）

（一）抹灰工程

1. 内墙抹灰施工工艺

2. 外墙抹灰施工工艺

（二）门窗装饰工程

1. 木门窗制作、安装施工工艺

2. 铝合金门窗制作、安装施工工艺

3. 塑钢彩板门窗制作、安装施工工艺

4. 玻璃地弹门安装施工工艺

（三）楼地面装修工程

1. 整体楼地面施工工艺

2. 板块楼地面施工工艺

3. 木、竹面层地面施工工艺

（四）顶棚装饰工程

1. 木龙骨吊顶施工工艺

2. 轻钢龙骨吊顶施工工艺

3. 铝合金龙骨吊顶施工工艺

（五）饰面工程

1. 贴面类内墙、外墙装饰施工工艺

2. 涂料类装修施工工艺

3. 墙面罩面板装饰施工工艺

4. 软包墙面装饰施工工艺

5. 裱糊类装饰施工工艺

五、熟悉工程项目管理的基本知识（权重 0.04）

（一）施工项目管理的内容及组织

1. 施工项目管理的内容

2. 施工项目管理的组织

（二）施工项目目标控制

1. 施工项目目标控制的任务

2. 施工项目目标控制的措施

（三）施工资源与现场管理

1. 施工资源管理的任务和内容

2. 施工现场管理的任务和内容

基 础 知 识

一、熟悉装饰装修相关的力学知识（权重 0.07）

（一）平面力系

1. 力的基本性质

2. 力矩、力偶的性质

3. 平面力系的平衡方程及应用

（二）静定结构的内力分析

1. 单跨及多跨静定梁的内力分析

2. 静定平面桁架的内力分析

（三）杆件强度、刚度和稳定性的概念

1. 杆件变形的基本形式
2. 应力、应变的概念
3. 杆件强度的概念
4. 杆件刚度和压杆稳定性的概念

二、熟悉建筑构造、结构的基本知识（权重 0.15）

（一）建筑构造的基本知识
1. 民用建筑的基本构造组成
2. 幕墙的一般构造
3. 民用建筑室内地面的装饰构造
4. 民用建筑室内墙面的装饰构造
5. 民用建筑室内顶棚的装饰构造
6. 民用建筑常用门窗的装饰构造
7. 建筑的室外装饰构造
（二）建筑结构的基本知识
1. 常见基础的基本知识
2. 钢筋混凝土受弯、受压、受扭构件的基本知识
3. 现浇钢筋混凝土楼盖的基本知识
4. 钢结构的连接及轴心受力、受弯构件的基本知识
5. 砌体结构的基本知识

三、熟悉工程预算的基本知识（权重 0.05）

（一）工程计量
1. 建筑面积计算
2. 装饰装修工程的工程量计量
（二）工程造价计价
1. 工程造价构成
2. 工程造价的定额计价基本知识
3. 工程造价的工程量清单计价方法基本知识

四、掌握计算机和相关资料信息管理软件的应用知识（权重 0.03）

1. Office 应用知识
2. AutoCAD 应用知识
3. 常见资料管理软件的应用知识

五、熟悉施工测量的基本知识（权重 0.10）

（一）标高、直线、水平等的测量
1. 水准仪、经纬仪、全站仪、激光铅垂仪、测距仪的使用
2. 水准、距离、角度测量的要点

（二）施工测量的知识

1. 建筑的定位与放线

2. 墙体、地面、顶棚装饰施工测量

（三）建筑变形观测的知识

1. 建筑变形的概念

2. 建筑沉降观测、倾斜观测、裂缝观测、水平位移观测

岗 位 知 识

一、熟悉与装饰装修相关的管理规定和标准（权重 0.06）

（一）施工现场安全生产的管理规定

1. 施工作业人员安全生产权利和义务的规定

2. 安全技术措施、专项施工方案和安全技术交底的规定

3. 危险性较大的分部分项工程安全管理的规定

4. 实施工程建设强制性标准监督内容、方式、违规处罚的规定

（二）建筑工程质量管理的规定

1. 建设工程专项质量检测、见证取样检测内容的规定

2. 房屋建筑工程质量保修范围、保修期限和违规处罚的规定

3. 建筑工程质量监督的规定

4. 房屋建筑工程和市政基础设施工程竣工验收备案管理的规定

（三）建筑装饰装修工程的管理规定

1. 建筑装饰装修管理的规定

2. 住宅室内装饰装修管理的规定

（四）建筑工程施工质量验收标准和规范

1. 《建筑工程施工质量验收统一标准》中关于建筑工程质量验收的划分、合格判定以及质量验收的程序和组织的要求

2. 住宅装饰装修工程施工规范的要求

3. 建筑内部装修防火验收要求

4. 民用建筑工程室内环境污染控制要求

5. 建筑装饰装修工程质量验收的要求

6. 建筑地面工程施工质量验收的要求

二、掌握施工组织设计及专项施工方案的内容和编制方法（权重 0.08）

（一）装饰装修工程施工组织设计的内容和编制方法

1. 施工组织设计的类型和编制依据

2. 施工组织设计的内容

3. 单位工程施工组织设计的编制方法

（二）装饰装修工程分项及专项施工方案的内容和编制方法

1. 编制专项施工方案的规定

2. 分项及专项施工方案的内容

3. 分项及专项施工方案的编制方法

（三）装饰装修工程施工技术要求

1. 防火、防水工程施工技术要求

2. 吊顶工程施工技术要求

3. 轻质隔墙、抹灰、墙体保温、饰面板（砖）、涂饰、裱糊、软包等墙面工程施工技术要求

4. 楼、地面工程施工技术要求

5. 装饰装修水电工程施工技术要求

三、掌握施工进度计划的编制方法（权重 0.08）

（一）施工进度计划的类型及其作用

1. 施工进度计划的类型

2. 控制性进度计划的作用

3. 实施性施工进度计划的作用

（二）施工进度计划的表达方法

1. 横道图进度计划的编制方法

2. 网络计划的基本概念与识读

（三）施工进度计划的检查与调整

1. 施工进度计划的检查方法

2. 施工进度计划偏差的纠正办法

四、熟悉环境与职业健康安全管理的基本知识（权重 0.04）

（一）文明施工与现场环境保护的要求

1. 文明施工的要求

2. 施工现场环境保护的措施

3. 施工现场环境事故的处理

（二）建筑装饰工程施工安全危险源分类及防范的重点

1. 施工安全危险源的分类

2. 施工安全危险源的防范重点的确定

（三）建筑装饰工程施工安全事故的分类与处理

1. 施工安全事故的分类

2. 施工安全事故报告和调查处理

五、熟悉工程质量管理的基本知识（权重 0.04）

（一）装饰装修工程质量管理概念和特点

1. 工程质量管理的特点

2. 施工质量的影响因素及质量管理原则

（二）装饰装修工程施工质量控制

1. 施工质量控制的基本内容和要求

2. 施工过程质量控制的基本程序、方法、质量控制点的确定

（三）装饰装修施工质量问题的处理方法

1. 施工质量问题的分类

2. 施工质量问题的产生原因

3. 施工质量问题的处理方法

六、熟悉工程成本管理的基本知识（权重 0.06）

（一）装饰装修工程成本的组成和影响因素

1. 工程成本的组成

2. 工程成本的影响因素

（二）装饰装修工程施工成本控制的基本内容和要求

1. 施工成本控制的基本内容

2. 施工成本控制的基本要求

（三）装饰装修工程施工成本控制的步骤和措施

1. 施工成本控制的步骤

2. 施工成本控制的措施

七、了解常用施工机械机具的性能（权重 0.04）

（一）垂直运输常用机械机具

1. 吊篮的基本性能

2. 施工电梯的基本性能

3. 麻绳、尼龙绳、涤纶绳及钢丝绳的基本性能

4. 滑轮和滑轮组的基本性能

（二）装修施工常用机械机具

1. 常用气动类机具的基本性能

2. 常用电动类机具的基本性能

3. 常用手动类机具的基本性能

专 业 技 能

一、能够参与编制施工组织设计和专项施工方案（权重 0.10）

1. 编制小型装饰工程的施工组织设计

2. 编制一般装饰工程的分部（分项）施工方案

3. 编制一般装饰工程的专项施工方案

4. 收集准备顶棚、幕墙等危险性较大工程专项施工方案的基本资料

二、能够识读施工图和其他工程设计、施工等文件（权重 0.10）

1. 识读顶面、墙面、地面、门窗、小型雨篷、幕墙等装饰工程施工图
2. 识读装饰装修水电工程施工图
3. 识读设计变更、图纸会审纪要等文件

三、能够编写技术交底文件，并实施技术交底（权重 0.12）

1. 编写防火、防水工程施工技术交底文件并实施交底
2. 编写吊顶工程施工技术交底文件并实施交底
3. 编写轻质隔墙、抹灰、墙体保温、饰面板（砖）、涂饰、裱糊、软包等墙面工程施工技术交底文件并实施交底
4. 编写楼、地面工程施工技术交底文件并实施交底
5. 编写门窗工程与窗套、窗帘盒、固定柜橱、护栏、扶手、花饰等细部工程施工技术交底文件并实施交底
6. 编写小型雨篷、幕墙工程施工技术交底文件并实施交底

四、能够正确使用测量仪器，进行施工测量（权重 0.08）

1. 使用经纬仪、水准仪进行室内外定位放线
2. 使用经纬仪、水准仪进行放线复核

五、能够正确划分施工区段，合理确定施工顺序（权重 0.10）

1. 划分顶面、墙面、地面、门窗工程施工区段
2. 确定顶面、墙面、地面、门窗、幕墙工程施工顺序
3. 控制交叉施工面的施工工序
4. 确定各分项细部施工成品保护工序

六、能够进行资源平衡计算，编制施工进度计划及资源需求计划，控制调整计划（权重 0.12）

1. 应用横道图方法编制一般单位工程、分部（分项）工程、专项工程施工进度计划
2. 进行资源平衡计算，优化横道图进度计划
3. 识读建筑工程施工网络计划
4. 编制月、旬（周）作业进度计划和资源配置计划
5. 检查施工进度计划的实施情况，调整施工进度计划

七、能够进行工程量计算及初步的工程清单计价（权重 0.08）

1. 进行基础装修水电改造工程量计算
2. 利用工程量清单计价方法进行综合单价的计算

八、能够确定施工质量控制点，参与编制质量控制文件，实施质量交底（权重0.08）

1. 确定防火、防水工程施工质量控制点，为编制质量控制措施、实施质量交底提供资料

2. 确定吊顶工程施工质量控制点，为编制质量控制措施、实施质量交底提供资料

3. 确定轻质隔墙、抹灰、墙体保温、饰面板（砖）、涂饰、裱糊、软包等墙面工程施工质量控制点，为编制质量控制措施、实施质量交底提供资料

4. 确定楼、地面工程施工质量控制点，为编制质量控制措施、实施质量交底提供资料

九、能够确定施工安全防范重点，参与编制职业健康安全与环境技术文件，实施安全和环境交底（权重0.06）

1. 确定脚手架安全防范重点，为编制安全技术文件并实施交底提供资料

2. 确定洞口、临边防护安全防范重点，为编制安全技术文件并实施交底提供资料

3. 确定垂直运输机械安全防范重点，为编制安全技术文件并实施交底提供资料

4. 确定高处作业安全防范重点，为编制安全技术文件并实施交底提供资料

5. 确定明火作业安全防范重点，为编制安全技术文件并实施交底提供资料

6. 确定常用施工机具安全防范重点，为编制安全技术文件并实施交底提供资料

7. 确定施工用电安全防范重点，为编制安全技术文件并实施交底提供资料

8. 确定通风防毒安全防范重点，为编制安全技术文件并实施交底提供资料

9. 确定油漆、保温、电焊等作业安全防范重点，为编制安全技术文件并实施交底提供资料

10. 确定生产生活废水、噪声和固体废弃物防治措施，为编制安全技术文件并实施交底提供资料

十、能够识别、分析施工质量缺陷和危险源（权重0.03）

1. 识别和分析防水、防火、顶面、墙面、地面、门窗、雨篷、幕墙、细部工程、水电等装饰工程的质量缺陷，分析产生原因

2. 识别施工现场与物的不安全状态有关的危险源，分析产生原因

3. 识别施工现场与人的不安全行为有关的危险源，分析产生原因

4. 识别施工现场与管理缺失有关的危险源，分析产生原因

十一、能够参与装饰装修施工质量、职业健康安全与环境问题的调查分析（权重0.03）

1. 分析判断施工质量问题的类别、原因和责任

2. 分析判断安全问题的类别、原因和责任

3. 分析判断环境问题的类别、原因和责任

十二、能够记录施工情况，编制相关工程技术资料（权重 0.04）

1. 填写施工日志，编写施工记录
2. 编写分部分项工程施工技术资料，编制工程施工管理资料

十三、能够利用专业软件对工程信息资料进行处理（权重 0.06）

1. 利用专业软件录入、输出、汇编施工信息资料
2. 利用专业软件加工处理施工信息资料

附注
通用知识执笔人：胡兴福
基础知识执笔人：赵　研　杨庆丰　张常明　郭宏伟　张　怡
岗位知识与专业技能执笔人：范国辉　许志中　冯桂云　郭　红　卢　扬

施工员（设备方向）考核评价大纲

通 用 知 识

一、熟悉国家工程建设相关法律法规（权重 0.03）

（一）《建筑法》
1. 从业资格的有关规定
2. 建筑安全生产管理的有关规定
3. 建筑工程质量管理的有关规定

（二）《安全生产法》
1. 生产经营单位安全生产保障的有关规定
2. 从业人员权利和义务的有关规定
3. 安全生产监督管理的有关规定
4. 安全事故应急救援与调查处理的规定

（三）《建设工程安全生产管理条例》、《建设工程质量管理条例》
1. 施工单位安全责任的有关规定
2. 施工单位质量责任和义务的有关规定

（四）《劳动法》、《劳动合同法》
1. 劳动合同和集体合同的有关规定
2. 劳动安全卫生的有关规定

二、熟悉工程材料的基本知识（权重 0.03）

（一）建筑给水管材及附件
1. 给水管材的分类、规格、特性及应用
2. 给水附件的分类及特性

（二）建筑排水管材及附件
1. 排水管材的分类、规格、特性及应用
2. 排水附件的分类及特性

（三）卫生器具
1. 便溺用卫生器具的分类及特性
2. 盥洗、沐浴用卫生器具的分类及特性
3. 洗涤用卫生器具的分类及特性

（四）电线、电缆及电线导管

1. 常用绝缘导线的型号、规格、特性及应用
2. 电力电缆的型号、规格、特性及应用
3. 电线导管的分类、规格、特性及应用
（五）照明灯具、开关及插座
1. 照明灯具的分类及特性
2. 开关的分类及特性
3. 插座的分类及特性

三、掌握施工图识读、绘制的基本知识（权重0.05）

（一）施工图的基本知识
1. 房屋建筑施工图的组成及作用
2. 房屋建筑施工图的图示特点
（二）施工图的图示方法及内容
1. 建筑给水排水工程施工图的图示方法及内容
2. 建筑电气工程施工图的图示方法及内容
3. 建筑通风与空调工程施工图的图示方法及内容
（三）施工图的绘制与识读
1. 建筑设备施工图绘制的步骤与方法
2. 建筑设备施工图识读的步骤与方法

四、熟悉工程施工工艺和方法（权重0.05）

（一）建筑给排水工程
1. 给水管道、排水管道安装工程施工工艺
2. 卫生器具安装工程施工工艺
3. 室内消防管道及设备安装工程施工工艺
4. 管道、设备的防腐与保温工程施工工艺
（二）建筑通风与空调工程
1. 通风与空调工程风管系统施工工艺
2. 净化空调系统施工工艺
（三）建筑电气工程
1. 电气设备安装施工工艺
2. 照明器具与控制装置安装施工工艺
3. 室内配电线路敷设施工工艺
4. 电缆敷设施工工艺
（四）火灾报警及联动控制系统
1. 火灾报警及联动控制系统施工工艺
2. 火灾自动报警及消防联动控制系统施工工艺
（五）建筑智能化工程
1. 典型智能化子系统安装和调试的基本要求

2. 智能化工程施工工艺

五、熟悉工程项目管理的基本知识（权重 0.04）

（一）施工项目管理的内容及组织
1. 施工项目管理的内容
2. 施工项目管理的组织
（二）施工项目目标控制
1. 施工项目目标控制的任务
2. 施工项目目标控制的措施
（三）施工资源与现场管理
1. 施工资源管理的任务和内容
2. 施工现场管理的任务和内容

基 础 知 识

一、熟悉设备安装相关的力学知识（权重 0.07）

（一）平面力系
1. 力的基本性质
2. 力矩、力偶的性质
3. 平面力系的平衡方程
（二）杆件强度、刚度和稳定性的概念
1. 杆件变形的基本形式
2. 应力、应变的概念
3. 杆件强度的概念
4. 杆件刚度和压杆稳定性的概念
（三）流体力学基础
1. 流体的概念和物理性质
2. 流体静压强的特性和分布规律
3. 流体运动的概念、特性及其分类
4. 孔板流量计、减压阀的基本工作原理

二、熟悉建筑设备的基本知识（权重 0.15）

（一）电工学基础
1. 欧姆定律和基尔霍夫定律
2. 正弦交流电的三要素及有效值
3. 电流、电压、电功率的概念
4. RLC 电路及功率因数的概念
5. 晶体二极管、三极管的基本结构及应用

6. 变压器和三相交流异步电动机的基本结构和工作原理

（二）建筑设备工程的基本知识

1. 建筑给水和排水系统的分类、应用及常用器材选用

2. 建筑电气工程的分类、组成及常用器材的选用

3. 采暖系统的分类、应用及常用器材的选用

4. 通风与空调系统的分类、应用及常用器材的选用

5. 自动喷水灭火系统的分类、应用及常用器材的选用

6. 智能化工程系统的分类及常用器材的选用

三、熟悉工程预算的基本知识（权重 0.05）

（一）工程计量

1. 建筑面积计算

2. 建筑设备安装工程的工程量计算

（二）工程造价计价

1. 工程造价构成

2. 工程造价的定额计价基本知识

3. 工程造价的工程量清单计价基本知识

四、掌握计算机和相关资料信息管理软件的应用知识（权重 0.03）

1. Office 应用知识

2. AutoCAD 应用知识

3. 常见资料管理软件的应用知识

五、熟悉施工测量的基本知识（权重 0.10）

（一）测量基本工作

1. 水准仪、经纬仪、全站仪、测距仪的使用

2. 水准、距离、角度测量的要点

（二）安装测量的知识

1. 安装测设基本工作

2. 安装定位、抄平

岗 位 知 识

一、熟悉设备安装相关的管理规定和标准（权重 0.06）

（一）施工现场安全生产的管理规定

1. 施工作业人员安全生产权利和义务的规定

2. 安全技术措施、专项施工方案和安全技术交底的规定

3. 危险性较大的分部分项工程安全管理的规定

（二）建筑工程质量管理的规定

1. 建设工程专项质量检测、见证取样检测内容的规定

2. 房屋建筑工程质量保修范围、保修期限和违规处罚的规定

3. 房屋建筑工程和市政基础设施工程竣工验收备案管理的规定

（三）建筑与设备安装工程施工质量验收标准和规范

1. 《建筑工程施工质量验收统一标准》中关于建筑工程质量验收的划分、合格判定以及质量验收的程序和组织的要求

2. 建筑给水排水及采暖工程施工质量验收的要求

3. 建筑电气工程施工质量验收的要求

4. 通风与空调工程施工质量验收的要求

5. 自动喷水灭火系统验收的要求

6. 智能建筑工程质量验收的要求

7. 施工现场临时用电安全技术的要求

（四）建筑设备安装工程的管理规定

1. 特种设备施工管理和检验验收的规定

2. 消防工程设计、施工管理及验收、准用的规定

3. 法定计量单位使用和计量器具检定的规定

4. 实施工程建设强制性标准监督内容、方式、违规处罚的规定

二、掌握施工组织设计及专项施工方案的内容和编制方法（权重 0.08）

（一）建筑设备安装工程施工组织设计的内容和编制方法

1. 施工组织设计的类型和编制依据

2. 施工组织设计的内容

3. 施工组织设计编制、审查、批准等的流程和要求

（二）建筑设备安装工程专项施工方案的内容和编制方法

1. 专项施工方案的内容

2. 专项施工方案的编制方法

3. 专项施工方案的论证、审查和批准

（三）建筑设备安装工程主要技术要求

1. 建筑给水、排水工程的技术要求

2. 建筑电气照明工程的技术要求

3. 通风与空调工程及消防防排烟工程的技术要求

4. 消火栓和自动喷水灭火消防工程的技术要求

三、掌握施工进度计划的编制方法（权重 0.08）

（一）施工进度计划的类型及其作用

1. 施工进度计划的类型

2. 控制性进度计划的作用

3. 实施性施工进度计划的作用

（二）施工进度计划的表达方法

1. 横道图进度计划的编制方法

2. 网络计划的基本概念与识读

（三）施工进度计划的检查与调整

1. 施工进度计划的检查方法

2. 施工进度计划偏差的纠正办法

四、熟悉环境与职业健康安全管理的基本知识（权重 0.04）

（一）建筑设备安装工程施工环境与职业健康安全管理的目标与特点

1. 施工环境与职业健康安全管理的目标

2. 施工环境与职业健康安全管理的特点

（二）建筑设备安装工程文明施工与现场环境保护的要求

1. 文明施工的要求

2. 施工现场环境保护的措施

3. 施工现场环境事故的处理

（三）建筑设备安装工程施工安全危险源的识别和安全防范的重点

1. 施工安全危险源的分类

2. 施工安全危险源防范重点的确定

（四）建筑设备安装工程施工安全事故的分类与处理

1. 施工安全事故的分类

2. 施工安全事故报告和调查处理

五、熟悉工程质量管理的基本知识（权重 0.04）

（一）建筑设备安装工程质量管理

1. 工程质量管理的特点

2. 施工质量的影响因素及质量管理原则

（二）建筑设备安装工程施工质量控制

1. 施工质量控制的基本内容和要求

2. 施工过程质量控制的基本程序、方法、质量控制点的确定

（三）施工质量问题的处理方法

1. 施工质量问题的分类

2. 施工质量问题的产生原因

3. 施工质量问题的处理方法

六、熟悉工程成本管理的基本知识（权重 0.06）

（一）建筑设备安装工程成本的构成和影响因素

1. 工程成本的构成及管理特点

2. 施工成本的影响因素

（二）建筑设备安装工程施工成本控制的基本内容和要求

1. 施工成本控制的基本内容
2. 施工成本控制的基本要求

（三）建筑设备安装工程施工过程成本控制的方法

1. 施工过程成本控制的基本程序
2. 施工过程成本控制的主要方法

七、了解常用施工机械机具的性能（权重 0.04）

（一）垂直运输常用机械

1. 施工电梯的性能与注意事项
2. 常用自行式起重机的性能及选用原则

（二）建筑设备安装工程常用施工机械、机具

1. 手拉葫芦、千斤顶、卷扬机的性能
2. 麻绳、尼龙绳、涤纶绳及钢丝绳的性能
3. 滑轮和滑轮组的分类、选配原则和使用要求
4. 手工焊接机械的性能
5. 金属铁皮风管制作机械的性能
6. 电动试压泵的性能

专 业 技 能

一、能够参与编制施工组织设计和专项施工方案（权重 0.10）

1. 确定分部工程的施工起点流向
2. 选择确定主要施工机械及布置位置
3. 绘制分部工程施工现场平面图
4. 编制建筑给排水工程、通风与空调工程和建筑电气工程的专项施工方案
5. 分析确定危险性较大设备安装工程防范要点，配合编制作业指导书

二、能够识读施工图和其他工程设计、施工等文件（权重 0.10）

1. 识读建筑给排水工程、通风与空调工程、建筑电气工程施工图
2. 识读住宅、宾馆类自动喷水灭火工程、建筑智能化工程施工图
3. 识读随设备、器材提供的设备安装技术说明书

三、能够编写技术交底文件，并实施技术交底（权重 0.12）

1. 编写建筑给排水、建筑电气、通风与空调等分部工程中各分项工程的施工技术交底文件并实施交底
2. 编写住宅、宾馆类自动喷水灭火、建筑智能化等分部工程中各分项工程的施工技术交底文件并实施交底
3. 在交底中对施工作业技术要求、作业面及作业组合、使用的机械工具、资源供给

情况、质量标准、安全防范要点进行全面解释

四、能够正确使用测量仪器，进行施工测量（权重 0.08 ）

1. 应用水准仪、经纬仪对设备安装定位、抄平
2. 确定试压泵位置，选择合适量程的试验用压力表
3. 选择绝缘电阻测试仪、接地电阻测试仪进行检测
4. 正确分格定位，测定出风口风量，计算风量值

五、能够正确划分施工区段，合理确定施工顺序（权重 0.10 ）

1. 划分建筑给排水、建筑电气、通风与空调、自动喷水灭火、建筑智能化等工程的施工区段
2. 确定施工顺序

六、能够进行资源平衡计算，参与编制施工进度计划及资源需求计划，控制调整计划（权重 0.12 ）

1. 确定设备安装进度控制时间节点，制订资源保障计划
2. 编制月、旬（周）作业进度计划及资源供应计划
3. 检查施工进度计划的实施情况，调整施工进度计划

七、能够进行工程量计算及初步的工程计价（权重 0.08 ）

1. 按图计算给排水工程、建筑电气工程、通风与空调工程的工程量
2. 按图计算住宅宾馆类自动喷水灭火工程、建筑智能化工程的工程量
3. 使用定额计价法的单位估价表
4. 分析工程量清单计价法的综合单价

八、能够确定施工质量控制点、参与编制质量控制文件，实施质量交底（权重 0.08 ）

1. 确定给排水工程、建筑电气工程、通风与空调工程的质量控制点
2. 确定住宅宾馆类自动喷水灭火工程、建筑智能化工程的质量控制点
3. 为专业工程的质量通病控制文件编制提供必要资料
4. 组织质量控制措施交底

九、能够确定施工安全防范重点，参与编制职业健康安全与环境技术文件、实施安全和环境交底（权重 0.07 ）

1. 确定脚手架安全防范重点，为编制安全技术文件并实施交底提供资料
2. 确定洞口、临边防护安全防范重点，为编制安全技术文件并实施交底提供资料
3. 确定设备垂直吊装和斜坡上运输安全防范重点，为编制安全技术文件并实施交底提供资料
4. 确定施工用电安全防范重点，为编制安全技术文件并实施交底提供资料

5. 确定垂直运输机械安全防范重点，为编制安全技术文件并实施交底提供资料

6. 确定高处作业安全防范重点，为编制安全技术文件并实施交底提供资料

7. 确定金属容器内电焊焊接安全防范重点，为编制安全技术文件并实施交底提供资料

8. 确定有火灾或爆炸危险场所动火作业安全防范重点，为编制安全技术文件并实施交底提供资料

9. 确定通水、通电、通气设备试运转等试运行安全防范重点，为编制安全技术文件并实施交底提供资料

10. 制订油漆、保温、电焊等作业危险防范措施并交底

十、能够识别、分析施工质量缺陷和危险源（权重 0.02）

1. 识别设备安装工程常见的各专业质量缺陷，分析产生原因
2. 识别作业中人的不安全行为和物的不安全状态，分析产生原因

十一、能够对施工质量、职业健康安全与环境问题进行调查分析（权重 0.03）

1. 分析判断施工质量问题的类别、原因和责任
2. 分析判断职业健康安全问题的类别、原因和责任
3. 分析判断环境问题的类别、原因和责任

十二、能够记录施工情况，编制相关工程技术资料（权重 0.04）

1. 填写施工日志，编写施工记录
2. 编写分部分项工程施工技术资料，编制工程施工管理资料

十三、能够利用专业软件对工程信息资料进行处理（权重 0.06）

1. 进行施工信息资料录入、输出与汇编
2. 进行施工信息资料加工处理

附注

通用知识执笔人：胡兴福

基础知识执笔人：钱大治　郑华孚

岗位知识与专业技能执笔人：钱大治　郑华孚

施工员（市政方向）考核评价大纲

通 用 知 识

一、熟悉国家工程建设相关法律法规（权重 0.03）

（一）《建筑法》

1. 从业资格的有关规定
2. 建筑安全生产管理的有关规定
3. 建筑工程质量管理的有关规定

（二）《安全生产法》

1. 生产经营单位安全生产保障的有关规定
2. 从业人员权利和义务的有关规定
3. 安全生产监督管理的有关规定
4. 安全事故应急救援与调查处理的规定

（三）《建设工程安全生产管理条例》、《建设工程质量管理条例》

1. 施工单位安全责任的有关规定
2. 施工单位质量责任和义务的有关规定

（四）《劳动法》、《劳动合同法》

1. 劳动合同和集体合同的有关规定
2. 劳动安全卫生的有关规定

二、熟悉工程材料的基本知识（权重 0.03）

（一）无机胶凝材料

1. 无机胶凝材料的分类及其特性
2. 通用水泥的品种、主要技术性质及应用
3. 道路硅酸盐水泥、市政工程常用特性水泥的特性及应用

（二）混凝土

1. 混凝土的分类及主要技术性质
2. 普通混凝土的组成材料及其主要技术要求
3. 高性能混凝土、预拌混凝土的特性及应用
4. 常用混凝土外加剂的品种及应用

（三）砂浆

1. 砌筑砂浆的分类及主要技术性质

2. 砌筑砂浆的组成材料及其主要技术要求

（四）石材、砖

1. 砌筑用石材的分类及应用

2. 砖的分类、主要技术要求及应用

（五）钢材

1. 钢材的分类及主要技术性能

2. 钢结构用钢材的品种及特性

3. 钢筋混凝土结构用钢材的品种及特性

（六）沥青材料及沥青混合料

1. 沥青材料的分类、技术性质及应用

2. 沥青混合料的分类、组成材料及其主要技术要求

三、掌握施工图识读、绘制的基本知识（权重 0.05）

（一）施工图的基本知识

1. 市政工程施工图的组成及作用

2. 市政工程施工图的图示特点

（二）施工图的图示方法及内容

1. 城镇道路工程施工图的图示方法及内容

2. 城市桥梁工程施工图的图示方法及内容

3. 市政管道工程施工图的图示方法及内容

（三）施工图的绘制与识读

1. 市政工程施工图绘制的步骤与方法

2. 市政工程施工图识读的步骤与方法

四、熟悉工程施工工艺和方法（权重 0.05）

（一）城镇道路工程

1. 常用湿软地基处理方法及应用范围

2. 路堤填筑施工工艺

3. 路堑开挖施工工艺

4. 基层施工工艺

5. 垫层施工工艺

6. 沥青类路面面层施工工艺

7. 水泥混凝土路面面层施工工艺

（二）城市桥梁工程

1. 常见模板的种类、特性及安拆施工要点

2. 钢筋工程施工工艺

3. 混凝土工程施工工艺

4. 基础施工工艺

5. 墩台施工工艺

6. 简支梁桥施工工艺

7. 连续梁桥施工工艺

8. 桥面系施工工艺

（三）市政管道工程

1. 人工和机械挖槽施工工艺

2. 沟槽支撑施工工艺

3. 管道铺设施工工艺

4. 管道接口施工工艺

五、熟悉工程项目管理的基本知识（权重 0.04）

（一）施工项目管理的内容及组织

1. 施工项目管理的内容

2. 施工项目管理的组织

（二）施工项目目标控制

1. 施工项目目标控制的任务

2. 施工项目目标控制的措施

（三）施工资源与现场管理

1. 施工资源管理的任务和内容

2. 施工现场管理的任务和内容

基 础 知 识

一、熟悉市政工程相关的力学知识（权重 0.07）

（一）平面力系

1. 力的基本性质

2. 力矩、力偶的性质

3. 平面力系的平衡方程及应用

（二）静定结构的杆件内力

1. 单跨静定梁的内力计算

2. 多跨静定梁的内力分析

3. 静定平面桁架的内力分析

（三）杆件强度、刚度和稳定性的概念

1. 杆件变形的基本形式

2. 应力、应变的概念

3. 杆件强度的概念

4. 杆件刚度和压杆稳定性的概念

二、熟悉市政道路、桥梁和管道的构造、结构基本知识（权重 0.15）

（一）城镇道路基本知识

1. 城镇道路的组成和特点
2. 城镇道路的分类与路网的基本知识
3. 城镇道路线形组合基本知识
4. 路基、路面工程构造
5. 道路附属工程

（二）城市桥梁基本知识

1. 城市桥梁的基本概念和组成
2. 城市桥梁的分类与构造
3. 城市桥梁结构的基本知识

（三）市政管道基本知识

1. 市政管道系统的基本知识
2. 市政管渠的材料接口及管道基础
3. 市政管渠的附属构筑物

三、熟悉市政工程预算基本知识（权重 0.05）

（一）市政工程定额基本知识

1. 市政定额分类
2. 市政工程定额分部分项工程划分

（二）工程计量

1. 土石方工程工程量计算
2. 道路工程工程量计算
3. 桥涵工程量计算
4. 市政管网工程量计算
5. 钢筋工程量计算

（三）工程造价计价

1. 工程造价构成
2. 工程造价的定额计价基本知识
3. 工程造价的工程量清单计价基本知识

四、熟悉计算机和相关资料信息管理软件的应用知识（权重 0.03）

1. Office 应用知识
2. AutoCAD 应用知识
3. 常见资料管理软件的应用知识

五、熟悉市政工程施工测量的基本知识（权重 0.10）

（一）控制测量

1. 水准仪、经纬仪、全站仪、测距仪的使用
2. 水准、距离、角度测量的原理和要点
3. 导线测量和高程控制测量概念及应用

（二）市政工程施工测量
1. 测设的基本工作
2. 已知坡度直线的测设
3. 线路测量

岗 位 知 识

一、熟悉市政工程相关的管理规定和标准（权重0.06）

（一）施工现场安全生产的管理规定
1. 施工作业人员安全生产权利和义务的规定
2. 安全技术措施、专项施工方案和安全技术交底的规定
3. 危险性较大的分部分项工程安全管理的规定
（二）市政工程施工的相关管理规定
1. 占用或挖掘城市道路施工的规定
2. 保护城市绿地、树木花草和绿化设施的规定
3. 房屋建筑和市政基础设施工程质量监督内容的规定
4. 实施工程建设强制性标准监督内容、方式、违规处罚的规定
（三）建筑与市政工程施工质量验收标准和规范
1.《建筑工程施工质量验收统一标准》中关于建筑工程质量验收的划分、合格判定以及质量验收的程序和组织的要求
2. 城镇道路工程施工与质量验收的要求
3. 城市桥梁工程施工与质量验收的要求
4. 市政给水排水管道工程验收的要求

二、掌握市政工程施工组织设计及专项施工方案的内容和编制方法（权重0.08）

（一）市政工程施工组织设计的内容和编制方法
1. 施工组织设计的内容
2. 施工组织设计的编制方法
（二）市政工程专项施工方案的内容和编制方法
1. 专项施工方案的内容和编制方法
2. 危险性较大工程专项施工方案的内容和编制方法
（三）市政施工技术要求
1. 地基基础工程施工技术要求
2. 城镇道路路面工程施工技术要求
3. 城市桥梁主体结构工程施工技术要求
4. 开槽施工市政给排水管道安装工程施工技术要求

三、掌握市政工程施工进度计划的编制方法 （权重 0.08）

（一）施工进度计划的类型及其作用

1. 施工进度计划的类型
2. 控制性进度计划的作用
3. 实施性施工进度计划的作用

（二）施工进度计划的表达方法

1. 横道图进度计划的编制方法
2. 网络计划的基本概念与识读

（三）施工进度计划的编制步骤

1. 施工过程划分与工程量计算
2. 劳动量及机械台班量的确定
3. 施工过程时间的确定与进度计划初排
4. 施工进度计划的平衡与优化

（四）施工进度计划的检查与调整

1. 施工进度计划的检查方法
2. 施工进度计划的调整方法

四、熟悉市政工程环境与职业健康安全的管理知识 （权重 0.04）

（一）文明施工与现场环境保护的要求

1. 文明施工的要求
2. 施工现场环境保护的措施
3. 施工现场环境事故的处理

（二）市政工程施工安全危险源分类及防范的重点

1. 施工安全危险源的分类
2. 施工安全危险源防范重点的确定

（三）市政工程施工安全事故的分类与处理

1. 施工安全事故的分类
2. 施工安全事故报告和调查处理

五、熟悉市政工程质量管理的基本知识 （权重 0.04）

（一）质量管理的基本概念与市政工程质量管理的特点

1. 质量管理的基本概念
2. 市政工程质量管理的特点

（二）施工过程质量控制的内容与方法

1. 质量控制的基本内容和要求
2. 施工过程质量控制的基本程序、基本方法、质量控制点的确定

（三）施工质量问题的处理方法

1. 施工质量问题的分类

2. 施工质量问题的产生原因分析

3. 施工质量问题的处理方法

六、熟悉工程成本管理的基本知识（权重 0.06）

（一）市政工程施工成本的概念与影响因素

1. 工程成本的构成及管理特点

2. 施工成本的影响因素

（二）市政工程施工成本控制的基本内容和要求

1. 施工成本控制的基本内容

2. 施工成本控制的基本要求

（三）市政工程施工过程中成本控制的步骤和措施

1. 施工过程成本控制的步骤

2. 施工过程成本控制的措施

七、了解常用施工机械机具的性能（权重 0.04）

1. 推土机械、铲运机械、挖土机械等土方工程施工机械的主要技术性能

2. 沥青摊铺机械、振动压路机械、静压压路机械等路面施工机械的主要技术性能

3. 旋挖钻机、循环钻机、长螺旋钻机、冲击钻机等桩基机械的主要技术性能

4. 混凝土搅拌机械、混凝土运输机械、混凝土振捣机具、混凝土泵等混凝土工程施工机械机具的主要技术性能

5. 汽轮吊、履带吊、龙门吊等起重机械的主要技术性能

专 业 技 能

一、能够参与编制施工组织设计和专项施工方案（权重 0.10）

1. 编制城镇道路分项工程施工组织设计

2. 编制城市桥梁分项工程施工组织设计

3. 编制开槽施工市政给排水管线分项工程施工组织设计

4. 编制深基坑（槽）工程专项施工方案

5. 编制城市桥梁模板支架工程专项施工方案

二、能够识读施工图和其他工程设计、施工等文件（权重 0.10）

1. 识读城镇道路工程定位图、平面图和纵断图、结构图

2. 识读城市桥梁工程基础施工图、结构施工图

3. 识读开槽施工给排水管道工程基础施工图、管道安装图

三、能够编写技术交底文件，并实施技术交底（权重 0.12 ）

1. 编写土方工程、砖石基础工程、混凝土基础及桩基工程技术交底文件并实施交底

2. 编写基坑（槽）验槽及局部不良地基处理技术交底文件并实施交底

3. 编写道路基层结构、沥青混凝土结构、混凝土结构、砌体结构、钢结构施工技术交底并实施交底

4. 编写市政给水管道、排水管道工程技术交底文件并实施交底

四、能够正确使用测量仪器，进行施工测量（权重 0.08）

1. 使用测量仪器，进行施工定位测量
2. 使用测量仪器，进行施工测量复核

五、能够正确划分施工区段，合理确定施工顺序（权重 0.10）

1. 划分城镇道路、城市桥梁、开槽施工给排水管道工程施工区段
2. 确定城镇道路、城市桥梁、开槽施工给排水管道工程施工顺序

六、能够进行资源平衡计算，参与编制施工进度计划及资源需求计划，控制调整计划（权重 0.12）

1. 应用横道图方法编制城镇道路、城市桥梁、开槽施工给排水管道工程施工进度计划
2. 进行资源平衡计算，编制资源需求量计划
3. 检查工程施工进度计划实施，调整工程施工进度计划

七、能够进行市政工程工程量计算及初步的工程计价（权重 0.08）

1. 计算道路、桥梁、开槽施工给排水管道工程的工程量
2. 利用工程量清单计价法进行综合单价的计算

八、能够确定施工质量控制点，参与编制质量控制文件、实施质量交底（权重 0.08）

1. 确定土方工程、砖石基础工程、混凝土基础及桩基工程施工质量控制点，为编制质量控制文件、实施质量交底提供资料
2. 确定模板工程、钢筋工程、混凝土工程、城市桥梁预应力工程施工质量控制点，为编制质量控制文件、实施质量交底提供资料
3. 确定垫层结构工程、基层结构工程、沥青混合料面层结构工程等城镇道路路面施工质量控制点，为编制质量控制文件、实施质量交底提供资料
4. 确定混凝土管道安装工程、钢管道安装工程、化学管材管道安装工程等给排水管道开槽施工质量控制点，为编制质量控制文件、实施质量交底提供资料

九、能够确定市政工程施工安全防范重点，参与编制职业健康安全与环境技术文件、实施安全与环境交底（权重 0.06）

1. 确定脚手架安全防范重点，为编制安全技术文件并实施交底提供资料
2. 确定模板工程安全防范重点，为编制安全技术文件并实施交底提供资料

3. 确定城市桥梁预应力安全防范重点，为编制安全技术文件并实施交底提供资料

4. 确定基坑（槽）支护安全防范重点，为编制安全技术文件并实施交底提供资料

5. 确定城市桥梁桩基工程安全防范重点，为编制安全技术文件并实施交底提供资料

6. 确定吊装作业安全防范重点，为编制安全技术文件并实施交底提供资料

7. 确定施工用电安全防范重点，为编制安全技术文件并实施交底提供资料

8. 确定高处作业安全防范重点，为编制安全技术文件并实施交底提供资料

十、能够识别、分析市政工程质量缺陷和危险源（权重 0.03）

1. 识别、分析开槽施工管道基础工程、桥梁钢筋工程、桥梁混凝土工程、桥梁预应力工程、道路沥青混合料面层工程、道路半刚性基层工程的质量缺陷，分析产生原因

2. 识别施工现场与人的不安全行为有关的危险源，分析产生原因

3. 识别施工现场与物的不安全状态有关的危险源，分析产生原因

4. 识别施工现场与管理缺失有关的危险源，分析产生原因

十一、能够参与施工质量、职业健康安全与环境问题的调查分析（权重 0.03）

1. 分析判断施工质量问题的类别、原因和责任

2. 分析判断安全问题的类别、原因和责任

3. 分析判断环境问题的类别、原因和责任

十二、能够记录施工情况，编制相关工程技术资料（权重 0.04）

1. 填写施工日志，编写施工记录

2. 编制分部分项工程施工技术资料、管理资料

十三、能够利用专业软件对工程信息资料进行处理（权重 0.06）

1. 进行施工信息资料录入、输出与汇编

2. 进行施工信息资料加工处理

附注
通用知识执笔人：胡兴福
基础知识执笔人：张国京　沈　汛　侯洪涛　赵天庆
岗位知识与专业技能执笔人：张国京　沈　汛　侯洪涛　赵天庆

质量员（土建方向）考核评价大纲

通 用 知 识

一、熟悉国家工程建设相关法律法规（权重 0.03）

（一）《建筑法》

1. 从业资格的有关规定

2. 建筑安全生产管理的有关规定

3. 建筑工程质量管理的有关规定

（二）《安全生产法》

1. 生产经营单位安全生产保障的有关规定

2. 从业人员权利和义务的有关规定

3. 安全生产监督管理的有关规定

4. 安全事故应急救援与调查处理的规定

（三）《建设工程安全生产管理条例》、《建设工程质量管理条例》

1. 施工单位安全责任的有关规定

2. 施工单位质量责任和义务的有关规定

（四）《劳动法》、《劳动合同法》

1. 劳动合同和集体合同的有关规定

2. 劳动安全卫生的有关规定

二、熟悉工程材料的基本知识（权重 0.04）

（一）无机胶凝材料

1. 无机胶凝材料的分类及其特性

2. 通用水泥的特性、主要技术性质及应用

3. 建筑工程常用特性水泥的品种、特性及应用

（二）混凝土

1. 混凝土的分类及主要技术性质

2. 普通混凝土的组成材料及其主要技术要求

3. 轻混凝土、高性能混凝土、预拌混凝土的品种、特性及应用

4. 常用混凝土外加剂的品种及应用

（三）砂浆

1. 砂浆的分类、特性及应用

2. 砌筑砂浆的技术性质、组成材料及其主要技术要求

3. 抹面砂浆的分类及应用

（四）石材、砖和砌块

1. 砌筑用石材的分类及应用

2. 砖的分类、主要技术要求及应用

3. 砌块的分类、主要技术要求及应用

（五）钢材

1. 钢材的分类及主要技术性能

2. 钢结构用钢材的品种及特性

3. 钢筋混凝土结构用钢材的品种及特性

（六）防水材料

1. 防水卷材的品种及特性

2. 防水涂料的品种及特性

（七）建筑节能材料

1. 建筑节能的概念

2. 常用建筑节能材料的品种、特性及应用

三、掌握施工图识读、绘制的基本知识（权重0.05）

（一）施工图的基本知识

1. 房屋建筑施工图的组成及作用

2. 房屋建筑施工图的图示特点

（二）施工图的图示方法及内容

1. 建筑施工图的图示方法及内容

2. 结构施工图的图示方法及内容

（三）施工图的绘制与识读

1. 建筑施工图、结构施工图的绘制步骤与方法

2. 建筑施工图、结构施工图的识读步骤与方法

四、熟悉工程施工工艺和方法（权重0.05）

（一）地基与基础工程

1. 岩土的工程分类

2. 常用地基处理方法

3. 基坑（槽）开挖、支护及回填方法

4. 混凝土基础施工工艺

5. 砖基础施工工艺

6. 石基础施工工艺

7. 桩基础施工工艺

（二）砌体工程

1. 常见脚手架的搭设施工要点

2. 砖砌体施工工艺

3. 石砌体施工工艺

4. 砌块砌体施工工艺

（三）钢筋混凝土工程

1. 常见模板的种类、特性及安拆施工要点

2. 钢筋工程施工工艺

3. 混凝土工程施工工艺

（四）钢结构工程

1. 钢结构的连接方法

2. 钢结构安装施工工艺

（五）防水工程

1. 防水砂浆施工工艺

2. 防水涂料施工工艺

3. 防水卷材施工工艺

（六）装饰装修工程

1. 楼地面工程施工工艺

2. 一般抹灰工程施工工艺

3. 门窗工程施工工艺

4. 涂饰工程施工工艺

五、熟悉工程项目管理的基本知识（权重0.03）

（一）施工项目管理的内容及组织

1. 施工项目管理的内容

2. 施工项目管理的组织

（二）施工项目目标控制

1. 施工项目目标控制的任务

2. 施工项目目标控制的措施

（三）施工资源与现场管理

1. 施工资源管理的任务和内容

2. 施工现场管理的任务和内容

基 础 知 识

一、熟悉土建施工相关的力学知识（权重0.08）

（一）平面力系

1. 力的基本性质

2. 力矩、力偶的性质

3. 平面力系的平衡方程及应用

（二）静定结构的杆件内力

1. 单跨静定梁的内力计算
2. 多跨静定梁的内力分析
3. 静定平面桁架的内力分析

（三）杆件强度、刚度和稳定性的概念

1. 杆件变形的基本形式
2. 应力、应变的概念
3. 杆件强度的概念
4. 杆件刚度和压杆稳定性的概念

二、熟悉建筑构造、建筑结构的基本知识（权重 0.18）

（一）建筑构造的基本知识

1. 民用建筑的基本构造组成
2. 砖基础、毛石基础、钢筋混凝土基础、桩基础的构造，地下室的防潮与防水构造
3. 常见砌块墙体的构造
4. 现浇钢筋混凝土楼板、预制装配式楼板的一般构造，楼地面的防水构造，室内地坪的构造
5. 钢筋混凝土楼梯的构造，坡道及台阶的一般构造
6. 屋顶常见的保温隔热构造，屋顶的防水及排水的一般构造
7. 变形缝及其构造
8. 民用建筑的一般装饰构造
9. 排架结构单层厂房的一般构造，刚架结构厂房的一般构造

（二）建筑结构的基本知识

1. 无筋扩展基础、扩展基础、桩基础的基本知识
2. 钢筋混凝土受弯、受压、受扭构件的基本知识
3. 现浇钢筋混凝土楼盖、钢筋混凝土框架的基本知识
4. 钢结构的连接及轴心受力、受弯构件的基本知识
5. 砌体结构的基本知识
6. 建筑抗震的基本知识

三、熟悉施工测量的基本知识（权重 0.08）

（一）标高、直线水平等的测量

1. 水准仪、经纬仪、全站仪、激光铅垂仪、测距仪的使用
2. 水准、距离、角度测量的要点

（二）施工测量的知识

1. 建筑的定位与放线
2. 基础施工、墙体施工、构件安装测量

（三）建筑变形观测的知识

1. 建筑变形的概念

2. 建筑沉降观测、倾斜观测、裂缝观测、水平位移观测

四、掌握抽样统计分析的基本知识（权重 0.06）

（一）数理统计的基本概念、抽样调查的方法

1. 总体、样本、统计量、抽样的概念
2. 抽样的方法

（二）施工质量数据抽样和统计分析方法

1. 施工质量数据抽样的基本方法
2. 数据统计分析的基本方法

岗 位 知 识

一、熟悉土建施工相关的管理规定和标准（权重 0.08）

（一）建设工程质量管理法规、规定

1. 实施工程建设强制性标准监督内容、方式、违规处罚的规定
2. 房屋建筑工程和市政基础设施工程竣工验收备案管理的规定
3. 房屋建筑工程质量保修范围、保修期限和违规处罚的规定
4. 建设工程专项质量检测、见证取样检测的规定

（二）建筑工程施工质量验收标准和规范

1.《建筑工程施工质量验收统一标准》中关于建筑工程质量验收的划分、合格判定以及质量验收的程序和组织的要求
2. 建筑地基基础工程施工质量验收的要求
3. 混凝土结构施工质量验收的要求
4. 砌体工程施工质量验收的要求
5. 钢结构工程施工质量验收的要求
6. 屋面工程质量验收的要求
7. 地下防水工程质量验收的要求
8. 建筑地面工程施工质量验收的要求
9. 民用建筑工程室内环境污染控制的要求
10. 建筑节能工程施工质量验收的要求

二、掌握工程质量管理的基本知识（权重 0.06）

（一）工程质量管理及控制体系

1. 工程质量管理概念和特点
2. 质量控制体系的组织框架
3. 模板、钢筋、混凝土等分部分项工程的施工质量控制流程

（二）ISO 9000 质量管理体系

1. ISO 9000 质量管理体系的要求

2. 质量管理的八大原则

3. 建筑工程质量管理中实施 ISO 9000 标准的意义

三、掌握施工质量计划的内容和编制方法（权重 0.06）

1. 质量策划的概念

2. 施工质量计划的内容

3. 施工质量计划的编制方法

四、熟悉工程质量控制的方法（权重 0.08）

1. 影响质量的主要因素

2. 施工准备阶段的质量控制方法

3. 施工阶段的质量控制方法

4. 设置施工质量控制点的原则和方法

五、了解施工试验的内容、方法和判定标准（权重 0.06）

1. 砂浆、混凝土的试验内容、方法和判定标准

2. 钢材及其连接的试验内容、方法和判定标准

3. 土工及桩基的试验内容、方法和判定标准

4. 屋面及防水工程的施工试验内容、方法和判定标准

5. 房屋结构实体检测的内容、方法和判定标准

六、掌握工程质量问题的分析、预防及处理方法（权重 0.06）

1. 施工质量问题的分类与识别

2. 建筑工程中常见的质量问题

3. 形成质量问题的原因分析

4. 质量问题的处理方法

专 业 技 能

一、能够参与编制施工项目质量计划（权重 0.05）

1. 划分土建工程中分项工程、检验批

2. 编制土建工程中钢筋、模板、脚手架等分项工程的质量控制计划

二、能够评价土建工程中主要材料的质量（权重 0.15）

1. 检查评价混凝土原材料、预拌混凝土的质量

2. 检查评价建筑钢材的外观质量、质量证明文件、复验报告

3. 检查评价砌体材料的外观质量、质量证明文件、复验报告

4. 检查评价防水、节能材料的外观质量、质量证明文件、复验报告

三、能够判断土建工程施工试验结果（权重 0.05）

1. 判断桩基试验的结果
2. 判读地基与基础试验检测报告
3. 根据混凝土试块强度评定混凝土验收批质量
4. 根据砌筑砂浆试块强度评定砂浆质量
5. 根据试验结果判断钢材及其连接质量
6. 根据蓄水试验的结果判断防水工程质量

四、能够识读土建工程施工图（权重 0.05）

1. 识读砌体结构房屋施工图
2. 识读多层混凝土结构房屋施工图
3. 识读单层钢结构房屋施工图

五、能够确定施工质量控制点（权重 0.10）

1. 确定地基基础工程与地下防水工程的质量控制点
2. 确定砌体、多层混凝土结构和单层钢结构房屋工程的质量控制点
3. 确定住宅地面、屋面工程的质量控制点
4. 确定一般装饰装修工程的质量控制点

六、能够参与编写质量控制措施等质量控制文件，实施质量交底（权重 0.10）

1. 参与编制砌体工程、混凝土工程、模板工程、防水工程等分项工程的质量通病控制文件
2. 为砌体工程、混凝土工程、模板工程、防水工程等分项工程的质量交底提供资料

七、能够进行土建工程质量检查、验收、评定（权重 0.20）

1. 使用常见土建工程质量检查仪器、设备
2. 实施对检验批和分项工程的检查验收评价，填写检验批和分项工程质量验收记录表
3. 协助验收分部工程和单位工程的质量
4. 对隐蔽工程进行验收

八、能够识别质量缺陷，进行分析和处理（权重 0.20）

1. 识别地基基础工程的质量缺陷并能分析处理
2. 识别地下防水工程的质量缺陷并能分析处理
3. 识别砌体工程的质量缺陷并能分析处理
4. 识别混凝土结构工程的质量缺陷并能分析处理
5. 识别楼地面工程的质量缺陷并能分析处理
6. 识别装饰装修工程的质量缺陷并能分析处理

7. 识别屋面工程的质量缺陷并能分析处理

九、能够参与调查、分析质量事故，提出处理意见（权重 0.05）

1. 提供质量事故调查处理的基础资料
2. 分析质量事故的原因

十、能够编制、收集、整理质量资料（权重 0.05）

1. 编制、收集、整理隐蔽工程的质量验收单
2. 编制、汇总分项工程、检验批的验收检查记录
3. 收集原材料的质量证明文件、复验报告
4. 收集结构实体、功能性检测报告
5. 收集分部工程、单位工程的验收记录

附注
通用知识执笔人：胡兴福
基础知识执笔人：赵　研　杨庆丰　张常明　郭宏伟　颜晓荣　张　琨
岗位知识与专业技能：杨建林

质量员（装饰方向）考核评价大纲

通 用 知 识

一、熟悉国家工程建设相关法律法规（权重 0.03）

（一）《建筑法》
1. 从业资格的有关规定
2. 建筑安全生产管理的有关规定
3. 建筑工程质量管理的有关规定
（二）《安全生产法》
1. 生产经营单位安全生产保障的有关规定
2. 从业人员权利和义务的有关规定
3. 安全生产监督管理的有关规定
4. 安全事故应急救援与调查处理的规定
（三）《建设工程安全生产管理条例》、《建设工程质量管理条例》
1. 施工单位安全责任的有关规定
2. 施工单位质量责任和义务的有关规定
（四）《劳动法》、《劳动合同法》
1. 劳动合同和集体合同的有关规定
2. 劳动安全卫生的有关规定

二、熟悉工程材料的基本知识（权重 0.04）

（一）无机胶凝材料
1. 无机胶凝材料的分类及其特性
2. 通用水泥的品种、主要技术性质及应用
3. 装饰工程常用特性水泥的品种、特性及应用
（二）砂浆
1. 砌筑砂浆的分类、组成材料及主要技术性质
2. 普通抹面砂浆、装饰砂浆的特性及应用
（三）建筑装饰石材
1. 天然饰面石材的品种、特性及应用
2. 人造装饰石材的品种、特性及应用
（四）建筑装饰木质材料

1. 木材的分类、特性及应用

2. 人造板材的品种、特性及应用

3. 木制品的品种、特性及应用

（五）建筑装饰金属材料

1. 建筑装饰钢材的主要品种、特性及应用

2. 铝合金装饰材料的主要品种、特性及应用

3. 不锈钢装饰材料的主要品种、特性及应用

（六）建筑陶瓷与玻璃

1. 常用建筑陶瓷制品的主要品种、特性及应用

2. 普通平板玻璃的规格和技术要求

3. 安全玻璃、节能玻璃、装饰玻璃、玻璃砖的主要品种、特性及应用

（七）建筑装饰涂料与塑料制品

1. 内墙涂料的主要品种、特性及应用

2. 外墙涂料的主要品种、特性及应用

3. 地面涂料的主要品种、特性及应用

4. 建筑装饰塑料制品的主要品种、特性及应用

三、掌握施工图识读、绘制的基本知识（权重 0.05）

（一）施工图的基本知识

1. 房屋建筑施工图的组成及作用

2. 房屋建筑施工图的图示特点

（二）施工图的图示方法及内容

1. 建筑装修平面布置图的图示方法及内容

2. 楼地面装修图的图示方法及内容

3. 顶棚装修平面图的图示方法及内容

4. 墙柱面装修图的图示方法及内容

5. 装修详图的图示方法及内容

（三）施工图的绘制与识读

1. 建筑装修施工图绘制的步骤与方法

2. 建筑装修施工图识读的步骤与方法

四、熟悉工程施工工艺和方法（权重 0.05）

（一）抹灰工程

1. 内墙抹灰施工工艺

2. 外墙抹灰施工工艺

（二）门窗装饰工程

1. 木门窗制作、安装施工工艺

2. 铝合金门窗制作、安装施工工艺

3. 塑钢彩板门窗制作、安装施工工艺

4. 玻璃地弹门安装施工工艺

（三）楼地面装修工程

1. 整体楼地面施工工艺

2. 板块楼地面施工工艺

3. 木、竹面层地面施工工艺

（四）顶棚装饰工程

1. 木龙骨吊顶施工工艺

2. 轻钢龙骨吊顶施工工艺

3. 铝合金龙骨吊顶施工工艺

（五）饰面工程

1. 贴面类内墙、外墙装饰施工工艺

2. 涂料类装饰施工工艺

3. 墙面罩面板装饰施工工艺

4. 软包墙面装饰施工工艺

5. 裱糊类装饰施工工艺

五、熟悉工程项目管理的基本知识（权重 0.03）

（一）施工项目管理的内容及组织

1. 施工项目管理的内容

2. 施工项目管理的组织

（二）施工项目目标控制

1. 施工项目目标控制的任务

2. 施工项目目标控制的措施

（三）施工资源与现场管理

1. 施工资源管理的任务和内容

2. 施工现场管理的任务和内容

基 础 知 识

一、熟悉装饰装修相关的力学知识（权重 0.08）

（一）平面力系

1. 力的基本性质

2. 力矩、力偶的性质

3. 平面力系的平衡方程及应用

（二）静定结构的内力分析

1. 单跨及多跨静定梁的内力分析

2. 静定平面桁架的内力分析

（三）杆件强度、刚度和稳定性的概念

1. 杆件的基本受力形式
2. 应力、应变的概念
3. 杆件强度的概念
4. 杆件刚度和压杆稳定性的概念

二、熟悉建筑构造、结构的基本知识（权重 0.18）

（一）建筑构造的基本知识
1. 民用建筑的基本构造组成
2. 幕墙的一般构造
3. 民用建筑室内地面的装饰构造
4. 民用建筑室内墙面的装饰构造
5. 民用建筑室内顶棚的装饰构造
6. 民用建筑常用门窗的装饰构造
7. 建筑的室外装饰构造
（二）建筑结构的基本知识
1. 常见基础的基本知识
2. 钢筋混凝土受弯、受压、受扭构件的基本知识
3. 现浇钢筋混凝土楼盖的基本知识
4. 钢结构的连接及轴心受力、受弯构件的基本知识
5. 砌体结构的基本知识

三、熟悉施工测量的基本知识（权重 0.08）

（一）标高、直线、水平等的测量
1. 水准仪、经纬仪、全站仪、测距仪的使用
2. 水准、距离、角度测量的要点
（二）施工控制测量的知识
1. 建筑的定位与放线
2. 基础施工、墙体施工、构件安装测量
（三）建筑变形观测的知识
1. 建筑变形的概念
2. 建筑沉降观测、倾斜观测、裂缝观测、水平位移观测

四、掌握抽样统计分析的基本知识（权重 0.06）

（一）数理统计的基本概念、抽样调查的方法
1. 总体、样本、统计量、抽样的概念
2. 抽样的方法
（二）施工质量数据抽样和统计分析方法
1. 施工质量数据抽样的基本方法
2. 数据统计分析的基本方法

岗 位 知 识

一、熟悉装饰装修相关的管理规定和标准（权重 0.08）

（一）建设工程质量管理法规、规定

1. 实施工程建设强制性标准监督内容、方式、违规处罚的规定
2. 房屋建筑工程和市政基础设施工程竣工验收备案管理的规定
3. 房屋建筑工程质量保修范围、保修期限和违规处罚的规定
4. 建设工程专项质量检测、见证取样检测的业务内容的规定

（二）建筑工程施工质量验收标准

1. 《建筑工程施工质量验收统一标准》中关于建筑工程质量验收的划分、合格判定以及质量验收的程序和组织的要求
2. 一般装饰装修工程（含门、窗工程）质量验收的要求
3. 铝合金门窗工程施工及验收的要求
4. 幕墙（玻璃、金属与石材）工程施工质量检验方法及验收的要求
5. 屋面及防水工程施工质量验收的要求
6. 建筑地面工程施工质量验收的要求
7. 民用建筑工程室内环境污染控制的要求
8. 建筑内部装修防火施工及质量验收的要求
9. 建筑节能工程施工质量验收的要求

二、掌握工程质量管理的基本知识（权重 0.06）

（一）工程质量管理及控制体系

1. 工程质量管理的概念和特点
2. 质量控制体系的组织框架
3. 吊顶、隔墙、地面、幕墙等分部分项工程的施工质量控制流程

（二）ISO 9000 质量管理体系

1. ISO 9000 质量管理体系的要求
2. 质量管理的八大原则
3. 装饰装修工程质量管理中实施 ISO 9000 标准的意义

三、掌握施工质量计划的内容和编制方法（权重 0.06）

1. 质量策划的概念
2. 施工质量计划的内容
3. 施工质量计划的编制方法

四、熟悉工程质量控制的方法（权重 0.08）

1. 影响质量的主要因素

2. 施工准备阶段的质量控制方法

3. 施工阶段的质量控制方法

4. 设置施工质量控制点的原则和方法

五、了解装饰装修施工试验的内容、方法和判定标准（权重 0.06）

1. 一般装饰装修工程的试验内容、方法和评定标准

2. 幕墙工程的试验内容、方法和评定标准

六、掌握装饰装修工程质量问题的分析、预防及处理方法（权重 0.06）

1. 施工质量问题的分类与识别

2. 装饰装修工程中常见的质量问题

3. 形成质量问题的原因分析

4. 质量问题的处理方法

专 业 技 能

一、能够参与编制施工项目质量计划（权重 0.05）

1. 划分装饰装修工程中分项工程、检验批

2. 编制装饰装修工程中吊顶、隔墙、地面等分项工程质量控制计划

二、能够评价装饰装修工程主要材料的质量（权重 0.15）

1. 检查评价饰面石材的外观质量、质量证明文件、复验报告

2. 检查评价木材及木制品的外观质量、质量证明文件、复验报告

3. 检查评价建筑陶瓷材料的外观质量、质量证明文件、复验报告

4. 检查评价建筑玻璃的外观质量、质量证明文件、复验报告

5. 检查评价建筑胶粘剂的外观质量、质量证明文件、复验报告

6. 检查评价无机胶凝材料的外观质量、质量证明文件、复验报告

7. 检查评价建筑涂料的外观质量、质量证明文件、复验报告

8. 检查评价建筑装饰装修用金属材料、五金材料的外观质量、质量证明文件、复验报告

9. 检查评价墙、顶用无机板材的外观质量、质量证明文件、复验报告

三、能够判断装饰装修施工试验结果（权重 0.05）

1. 判断室内防水工程蓄水试验结果

2. 判断外墙饰面砖粘接强度检验结果

3. 判断饰面板安装工程的预埋件的现场拉拔强度试验结果

4. 判断饰面板安装工程钢材焊缝质量

四、能够识读装饰装修工程施工图（权重 0.05）

1. 识读一般装饰装修工程施工图
2. 识读幕墙工程施工图
3. 识读一般幕墙门窗工程用钢结构施工图

五、能够确定装饰装修施工质量控制点（权重 0.10）

1. 确定室内防水工程的施工质量控制点
2. 确定门窗工程的施工质量控制点
3. 确定吊顶工程的施工质量控制点
4. 确定饰面板（砖）工程的施工质量控制点
5. 确定地面工程的施工质量控制点
6. 确定轻质隔墙工程的施工质量控制点
7. 确定涂料工程的施工质量控制点
8. 确定裱糊与软包工程施工质量控制点
9. 确定细部工程的施工质量控制点
10. 确定幕墙工程的施工质量控制点

六、能够参与编写质量控制措施等质量控制文件、实施质量交底（权重 0.10）

1. 参与编制吊顶、轻质隔墙、地面等工程质量通病控制文件
2. 为进行吊顶、轻质隔墙、地面等工程质量交底提供资料

七、能够进行装饰装修工程质量检查、验收、评定（权重 0.20）

1. 使用常见装饰装修工程质量检查仪器、设备
2. 实施对检验批和分项工程的检查验收评定，填写检验批和分项工程质量验收记录表
3. 验收吊顶、轻质隔墙、饰面板（砖）等分部分项工程中的隐蔽工程
4. 协助验收、评定分部工程和单位工程的质量

八、能够识别质量缺陷、进行分析和处理（权重 0.20）

1. 识别室内防水工程质量缺陷并能分析处理
2. 识别抹灰工程常见质量缺陷并能分析处理
3. 识别门窗安装工程质量缺陷并能分析处理
4. 识别吊顶安装工程质量缺陷并能分析处理
5. 识别饰面板（砖）工程质量缺陷并能分析处理
6. 识别涂饰工程质量缺陷并能分析处理
7. 识别裱糊与软包工程质量缺陷并能分析处理
8. 识别细部工程质量缺陷并能分析处理

九、能够参与调查、分析质量事故、提出处理意见（权重 0.05）

1. 提供质量事故调查处理的基础资料
2. 分析质量事故的原因

十、能够编制、收集、整理质量资料（权重 0.05）

1. 编制、收集、整理隐蔽工程的质量验收单
2. 编制、汇总分项工程、检验批的验收检查记录
3. 收集原材料的质量证明文件、复验报告
4. 收集（子）分部工程、单位工程的验收记录

附注
通用知识执笔人：胡兴福
基础知识执笔人：赵　研　杨庆丰　张常明　郭宏伟　张　怡
岗位知识与专业技能：范国辉　卢　扬　孙荣荣　许志中

质量员（设备方向）考核评价大纲

通 用 知 识

一、熟悉国家工程建设相关法律法规（权重 0.03）

（一）《建筑法》
1. 从业资格的有关规定
2. 建筑安全生产管理的有关规定
3. 建筑工程质量管理的有关规定
（二）《安全生产法》
1. 生产经营单位安全生产保障的有关规定
2. 从业人员权利和义务的有关规定
3. 安全生产监督管理的有关规定
4. 安全事故应急救援与调查处理的规定
（三）《建设工程安全生产管理条例》、《建设工程质量管理条例》
1. 施工单位安全责任的有关规定
2. 施工单位质量责任和义务的有关规定
（四）《劳动法》、《劳动合同法》
1. 劳动合同和集体合同的有关规定
2. 劳动安全卫生的有关规定

二、熟悉工程材料的基本知识（权重 0.04）

（一）建筑给水管材及附件
1. 给水管材的分类、规格、特性及应用
2. 给水附件的分类及特性
（二）建筑排水管材及附件
1. 排水管材的分类、规格、特性及应用
2. 排水附件的分类及特性
（三）卫生器具
1. 便溺用卫生器具的分类及特性
2. 盥洗、沐浴用卫生器具的分类及特性
3. 洗涤用卫生器具的分类及特性
（四）电线、电缆及电线导管

1. 常用绝缘导线的型号、规格、特性及应用
2. 电力电缆的型号、规格、特性及应用
3. 电线导管的分类、规格、特性及应用

（五）照明灯具、开关

1. 照明灯具的分类及特性
2. 开关的分类及特性

三、掌握施工图识读、绘制的基本知识（权重 0.05）

（一）施工图的基本知识

1. 房屋建筑施工图的组成及作用
2. 房屋建筑施工图的图示特点

（二）施工图的图示方法及内容

1. 建筑给水排水工程施工图的图示方法及内容
2. 建筑电气工程施工图的图示方法及内容
3. 建筑通风与空调工程施工图的图示方法及内容

（三）施工图的绘制与识读

1. 建筑设备施工图绘制的步骤与方法
2. 建筑设备施工图识读的步骤与方法

四、熟悉工程施工工艺和方法（权重 0.05）

（一）建筑给排水工程

1. 给水管道、排水管道安装工程施工工艺
2. 卫生器具安装工程施工工艺
3. 室内消防管道及设备安装工程施工工艺
4. 管道、设备的防腐与保温工程施工工艺

（二）建筑通风与空调工程

1. 通风与空调工程风管系统施工工艺
2. 净化空调系统施工工艺

（三）建筑电气工程

1. 电气设备安装施工工艺
2. 照明器具与控制装置安装施工工艺
3. 室内配电线路敷设施工工艺
4. 电缆敷设施工工艺

（四）火灾报警及联动控制系统

1. 火灾报警及联动控制系统施工工艺
2. 火灾自动报警及消防联动控制系统施工工艺

（五）建筑智能化工程

1. 典型智能化子系统安装和调试的基本要求
2. 智能化工程施工工艺

五、熟悉工程项目管理的基本知识（权重0.03）

（一）施工项目管理的内容及组织

1. 施工项目管理的内容
2. 施工项目管理的组织

（二）施工项目目标控制

1. 施工项目目标控制的任务
2. 施工项目目标控制的措施

（三）施工资源与现场管理

1. 施工资源管理的任务和内容
2. 施工现场管理的任务和内容

基 础 知 识

一、熟悉设备安装相关的力学知识（权重0.08）

（一）平面力系

1. 力的基本性质
2. 力矩、力偶的特性
3. 平面力系的平衡方程

（二）杆件强度、刚度和稳定性的概念

1. 杆件变形的基本形式
2. 应力、应变的概念
3. 杆件强度的概念
4. 杆件刚度和压杆稳定性的概念

（三）流体力学基础

1. 流体的概念和物理性质
2. 流体静压强的特性和分布规律
3. 流体运动的概念、特性及其分类
4. 孔板流量计、减压阀的基本工作原理

二、熟悉建筑设备的基本知识（权重0.18）

（一）电工学基础

1. 欧姆定律和基尔霍夫定律
2. 正弦交流电的三要素及有效值
3. 电流、电压、电功率的概念
4. RLC电路及功率因数的概念
5. 晶体二极管、三极管的基本结构及应用
6. 变压器和三相交流异步电动机的基本结构和工作原理

（二）建筑设备工程的基本知识

1. 建筑给水和排水系统的分类、应用及常用器材选用

2. 建筑电气工程的分类、组成及常用器材的选用

3. 采暖系统的分类、应用及常用器材的选用

4. 通风与空调系统的分类、应用及常用器材的选用

5. 自动喷水灭火系统的分类、应用及常用器材的选用

6. 智能化工程系统的分类及常用器材的选用

三、熟悉施工测量的基本知识（权重 0.08）

（一）测量基本工作

1. 水准仪、经纬仪、全站仪、测距仪的使用

2. 水准、距离、角度测量的要点

（二）安装测量知识

1. 安装测设基本工作

2. 安装定位、抄平

四、掌握抽样统计分析的基本知识（权重 0.06）

（一）数理统计的基本概念、抽样调查的方法

1. 总体、样本、统计量、抽样的概念

2. 抽样的方法

（二）施工质量数据抽样和统计分析方法

1. 施工质量数据抽样的基本方法

2. 数据统计分析的基本方法

岗 位 知 识

一、熟悉设备安装相关的管理规定和标准（权重 0.08）

（一）建设工程质量管理法规、规定

1. 实施工程建设强制性标准监督内容、方式、违规处罚的规定

2. 房屋建筑工程和市政基础设施工程竣工验收备案管理的规定

3. 房屋建筑工程质量保修范围、保修期限和违规处罚的规定

4. 特种设备安全监察的规定

5. 消防工程设施建设的规定

6. 计量单位使用和计量器具检定的规定

（二）建筑工程施工质量验收标准和规范

1.《建筑工程施工质量验收统一标准》中关于建筑工程质量验收的划分、合格判定以及质量验收的程序和组织的要求

2. 建筑给水排水及采暖工程施工质量验收规范的要求

3. 建筑电气工程施工质量验收规范的要求

4. 通风与空调工程施工质量验收规范的要求

5. 自动喷水灭火系统施工及验收规范的要求

6. 智能建筑工程质量验收规范的要求

二、掌握工程质量管理的基本知识（权重 0.06）

（一）工程质量管理及控制体系

1. 工程质量管理概念和特点

2. 质量控制体系的组织框架

3. 质量控制体系的人员职责

（二）ISO 9000 质量管理体系

1. ISO 9000 质量管理体系的要求

2. 质量管理的八大原则

3. 建筑安装工程质量管理中实施 ISO9000 标准的意义

三、掌握施工质量计划的内容和编制方法（权重 0.06）

1. 质量策划的概念

2. 施工质量计划的内容

3. 施工质量计划的编制方法

四、熟悉工程质量控制的方法（权重 0.08）

1. 影响质量的主要因素

2. 施工准备阶段的质量控制方法

3. 施工阶段的质量控制方法

4. 设置施工质量控制点的原则和方法

五、了解施工试验的内容、方法和判定标准（权重 0.06）

1. 设备安装关键材料的试验

2. 建筑给排水工程的试压、通球、灌水、冲洗、清扫、消毒试验

3. 建筑电气工程的通电试运行

4. 通风与空调工程的风量测试和温度、湿度自动控制试验

5. 自动喷水灭火系统火灾报警试验和消火栓系统水枪喷射试验

6. 建筑智能化工程各子系统回路的试验

六、掌握工程质量问题的分析、预防及处理方法（权重 0.06）

1. 施工质量问题的分类与识别

2. 设备安装工程中各专业常见的质量问题

3. 形成质量问题的原因分析

4. 质量问题的处理方法

专 业 技 能

一、能够参与编制施工项目质量计划（权重 0.05）

1. 划分设备安装各分部工程中分项工程、检验批
2. 编制设备安装各分部工程中分项工程的质量控制计划

二、能够评价材料、设备的质量（权重 0.15）

1. 检查评价常用的各类金属、非金属管材和成品风管的质量
2. 检查评价常用的各类电线、电缆及电工器材的质量
3. 检查评价常用的各类阀门及配件的质量
4. 检查评价常用的各类专用消防器材和设备的质量
5. 检查评价智能化工程中的火灾报警、安全防范、建筑设备控制等常用器材的质量

三、能够判断施工试验结果（权重 0.05）

1. 判断建筑给排水工程试压、通球、灌水、冲洗、清扫、消毒试验的结果
2. 判断建筑电气工程通电试运行的结果
3. 判断通风与空调工程风量测试和温度、湿度自动控制试验的结果
4. 判断自动喷水灭火系统火灾报警和消火栓系统水枪喷射试验的结果
5. 判断建筑智能化工程各子系统回路的试验结果
6. 正确阅读各类材料试验报告

四、能够识读施工图（权重 0.05）

1. 识读建筑给排水工程、通风与空调工程、建筑电气工程施工图
2. 识读住宅、宾馆类自动喷水灭火工程、建筑智能化工程施工图

五、能够确定施工质量控制点（权重 0.10）

1. 确定室内给水、排水工程的施工质量控制点
2. 确定风管制作、风管安装、风机盘管安装和洁净空调系统的施工质量控制点
3. 确定建筑电气照明工程、低压配电的施工质量控制点
4. 确定自动喷水灭火工程管网敷设、火灾探测器的施工质量控制点
5. 确定建筑智能化工程线缆敷设的施工质量控制点

六、能够参与编写质量控制措施等质量控制文件，并实施质量交底（权重 0.10）

1. 参与编制给排水工程、通风与空调工程、建筑电气工程等分项工程质量通病控制文件
2. 为给排水工程、通风与空调工程、建筑电气工程质量交底提供资料。

七、能够进行工程质量检查、验收、评定（权重 0.20）

1. 使用常用的设备安装工程质量检查仪器仪表
2. 实施对检验批和分项工程的检查验收评定，填写检验批和分项工程质量验收记录
3. 协助验收评定分部工程和单位工程的质量
4. 进行隐蔽工程验收

八、能够识别质量缺陷，进行分析和处理（权重 0.20）

1. 识别建筑给排水工程的质量缺陷，并进行分析处理
2. 识别建筑电气照明工程的质量缺陷，并进行分析处理
3. 识别通风与空调工程的质量缺陷，并进行分析处理
4. 识别自动喷水灭火工程中管网敷设的质量缺陷，并进行分析处理
5. 识别建筑智能化工程中线缆敷设的质量缺陷，并进行分析处理

九、能够参与调查、分析质量事故，提出处理意见（权重 0.05）

1. 提供质量事故调查处理的基础资料
2. 进行质量事故原因的分析

十、能够编制、收集、整理质量资料（权重 0.05）

1. 编制、收集、整理隐蔽工程的质量验收记录
2. 编制、汇总分项工程、检验批的质量验收记录
3. 收集原材料的质量证明文件、复验报告
4. 收集建筑设备试运行记录
5. 收集分部工程、单位工程的验收记录

附注

通用知识执笔人：胡兴福
基础知识执笔人：钱大治　郑华孚
岗位知识与专业技能执笔人：钱大治　郑华孚

质量员（市政方向）考核评价大纲

通 用 知 识

一、熟悉国家工程建设相关法律法规（权重 0.03）

（一）《建筑法》
1. 从业资格的有关规定
2. 建筑安全生产管理的有关规定
3. 建筑工程质量管理的有关规定

（二）《安全生产法》
1. 生产经营单位安全生产保障的有关规定
2. 从业人员权利和义务的有关规定
3. 安全生产监督管理的有关规定
4. 安全事故应急救援与调查处理的规定

（三）《建设工程安全生产管理条例》、《建设工程质量管理条例》
1. 施工单位安全责任的有关规定
2. 施工单位质量责任和义务的有关规定

（四）《劳动法》、《劳动合同法》
1. 劳动合同和集体合同的有关规定
2. 劳动安全卫生的有关规定

二、熟悉工程材料的基本知识（权重 0.04）

（一）无机胶凝材料
1. 无机胶凝材料的分类及其特性
2. 通用水泥的品种、主要技术性质及应用
3. 道路硅酸盐水泥、市政工程常用特性水泥的特性及应用

（二）混凝土
1. 混凝土的分类及主要技术性质
2. 普通混凝土的组成材料及其主要技术要求
3. 高性能混凝土、预拌混凝土的特性及应用
4. 常用混凝土外加剂的品种及应用

（三）砂浆
1. 砌筑砂浆的分类及主要技术性质

2. 砌筑砂浆的组成材料及其主要技术要求

（四）石材、砖

1. 砌筑用石材的分类及应用

2. 砖的分类、主要技术要求及应用

（五）钢材

1. 钢材的分类及主要技术性能

2. 钢结构用钢材的品种及特性

3. 钢筋混凝土结构用钢材的品种及特性

（六）沥青材料及沥青混合料

1. 沥青材料的分类、技术性质及应用

2. 沥青混合料的分类、组成材料及其主要技术要求

三、掌握施工图识读、绘制的基本知识（权重 0.05）

（一）施工图的基本知识

1. 市政工程施工图的组成及作用

2. 市政工程施工图的图示特点

（二）施工图的图示方法及内容

1. 城镇道路工程施工图的图示方法及内容

2. 城市桥梁工程施工图的图示方法及内容

3. 市政管道工程施工图的图示方法及内容

（三）施工图的绘制与识读

1. 市政工程施工图绘制的步骤与方法

2. 市政工程施工图识读的步骤与方法

四、熟悉市政工程施工工艺和方法（权重 0.05）

（一）城镇道路工程

1. 常用湿软地基处理方法及应用范围

2. 路堤填筑施工工艺

3. 路堑开挖施工工艺

4. 基层施工工艺

5. 垫层施工工艺

6. 沥青类面层施工工艺

7. 水泥混凝土面层施工工艺

（二）城市桥梁工程

1. 常见模板的种类、特性及安拆施工要点

2. 钢筋工程施工工艺

3. 混凝土工程施工工艺

4. 基础施工工艺

5. 墩台施工工艺

6. 简支梁桥施工工艺

7. 连续梁桥施工工艺

8. 桥面系施工工艺

（三）市政管道工程

1. 人工和机械挖槽施工工艺

2. 沟槽支撑施工工艺

3. 管道铺设施工工艺

4. 管道接口施工工艺

五、熟悉工程项目管理的基本知识（权重 0.03）

（一）施工项目管理的内容及组织

1. 施工项目管理的内容

2. 施工项目管理的组织

（二）施工项目目标控制

1. 施工项目目标控制的任务

2. 施工项目目标控制的措施

（三）施工资源与现场管理

1. 施工资源管理的任务和内容

2. 施工现场管理的任务和内容

基 础 知 识

一、熟悉市政工程相关的力学知识（权重 0.08）

（一）平面力系

1. 力的基本性质

2. 力偶、力矩的性质

3. 平面力系的平衡方程及应用

（二）静定结构的杆件内力

1. 单跨静定梁的内力计算

2. 多跨静定梁的内力分析

3. 静定平面桁架的内力分析

（三）杆件强度、刚度和稳定性的概念

1. 杆件变形的基本形式

2. 应力、应变的基本概念

3. 杆件强度的概念

4. 杆件刚度和压杆稳定性的概念

二、熟悉城镇道路、城市桥梁和市政管道结构、构造的基本知识（权重 0.18）

（一）城镇道路基本知识

1. 城镇道路的组成与特点
2. 城镇道路的分类与路网的基本知识
3. 城镇道路线形组合的基本知识
4. 道路路基、基层、面层工程结构
5. 道路附属工程的基本知识
（二）城市桥梁基本知识
1. 城市桥梁的基本概念和组成
2. 城市桥梁的分类与构造
3. 城市桥梁结构的基本知识
（三）市政管道基本知识
1. 市政管道系统的基本知识
2. 市政管渠的材料接口及管道基础
3. 市政管渠的附属构筑物

三、熟悉市政工程施工测量的基本知识（权重0.08）

（一）控制测量
1. 水准仪、经纬仪、全站仪、测距仪的使用
2. 水准、距离、角度测量的原理和要点
3. 导线测量和高程控制测量概念及应用
（二）市政工程施工测量
1. 测设的基本工作
2. 已知坡度直线的测设
3. 线路测量

四、掌握抽样统计分析的基本知识（权重0.06）

（一）数理统计的基本概念、抽样调查的方法
1. 总体、样本、统计量、抽样的概念
2. 抽样的方法
（二）施工质量数据抽样和统计分析方法
1. 施工质量数据抽样的基本方法
2. 数据统计分析的基本方法

岗 位 知 识

一、熟悉与市政工程施工相关的管理规定和标准（权重0.08）

（一）建设工程质量管理规定
1. 实施工程建设强制性标准监督内容、方式、违规处罚的规定
2. 房屋建筑工程和市政基础设施工程竣工验收备案管理的规定

3. 建设工程专项质量检测、见证取样检测业务内容的规定

（二）建筑与市政工程施工质量验收标准和规范

1.《建筑工程施工质量验收统一标准》中关于建筑工程质量验收的划分、合格判定以及质量验收的程序和组织的要求

2. 城镇道路工程施工与质量验收的要求

3. 城市桥梁工程施工与质量验收的要求

4. 市政管道工程施工与质量验收的要求

二、掌握工程质量管理的基本知识（权重 0.06）

（一）工程质量管理

1. 工程质量管理的概念

2. 工程质量管理的特点

3. 施工质量的影响因素

（二）质量控制体系

1. 质量控制体系的组织框架

2. 质量控制体系中的人员职责

3. 有关分项工程的施工质量控制流程

（三）ISO 9000 质量管理体系简介

1. ISO 9000 质量管理体系的要求

2. 市政工程质量管理中实施 ISO 9000 标准的意义

三、掌握施工质量计划的内容和编制方法（权重 0.06）

1. 质量策划的概念

2. 施工质量计划的内容

3. 施工质量计划的编制依据

4. 施工质量计划的编制方法

四、熟悉工程质量控制的方法（权重 0.08）

1. 影响工程质量的主要因素

2. 施工准备阶段的质量控制和方法

3. 施工阶段的质量控制和方法

4. 交工验收阶段的质量控制和方法

5. 设置施工质量控制点的原则和方法

五、了解施工试验的内容、方法和判断标准（权重 0.06）

1. 道路路基工程的试验内容、方法与判断标准

2. 道路基层工程的试验内容、方法与判断标准

3. 道路面层工程的试验内容、方法与判断标准

4. 地基、桩基等基础工程的试验内容、方法与判断标准

5. 构筑物主体结构工程的试验内容、方法与判断标准

6. 构筑物附属工程的试验内容、方法与判断标准

7. 市政管道工程的试验内容、方法与判断标准

六、掌握工程质量问题的分析、预防及处理方法（权重 0.06）

1. 施工质量问题的分类与识别

2. 道路工程、桥梁工程和市政管道工程中常见的质量问题

3. 形成质量问题的原因分析

4. 质量问题的处理方法

专 业 技 能

一、参与编制市政工程施工项目质量计划（权重 0.05）

1. 划分分项工程检验批

2. 编制分项工程质量控制计划

二、评价市政工程主要材料的质量（权重 0.15）

1. 检查评价无机混合料的外观质量、质量证明文件、测试报告

2. 检查评价沥青混合料的外观质量、质量证明文件、测试报告

3. 检查评价建筑钢材外观质量、质量证明文件、复验报告

4. 检查评价混凝土原材料的质量、预拌混凝土的质量

5. 检查评价砌体材料的外观质量

6. 检查评价预制构件的外观质量、质量证明文件、测试报告

7. 检查评价防水材料的外观质量、质量证明文件、复验报告

三、判断市政工程施工试验结果（权重 0.05）

1. 根据试验结果判定桩基工程的质量

2. 判定地基与基础试验检测报告

3. 根据实验结果评定混凝土验收批质量

4. 根据实验结果评定砂浆质量

5. 根据实验结果判定钢材及其连接质量

6. 根据实验结果判定结构物防水工程质量

四、识读市政工程施工图（权重 0.05）

1. 识读城镇道路工程施工图

2. 识读城市桥梁工程施工图

3. 识读市政管道工程施工图

五、确定施工质量控制点（权重 0.10）

1. 确定模板、钢筋、混凝土、预应力混凝土工程施工质量控制点
2. 确定道路路基、基层、面层、挡墙与附属结构工程施工质量控制点
3. 确定桥梁下部、上部、桥面系与附属工程施工质量控制点
4. 确定市政管道工程施工质量控制点

六、参与编写质量控制措施等质量控制文件，实施质量交底（权重 0.10）

1. 参与编制城镇道路、城市桥梁、市政管道工程质量通病控制文件
2. 为城镇道路、城市桥梁、市政管道工程质量交底提供资料

七、进行市政工程质量检查、验收、评定（权重 0.20）

1. 使用常规市政工程质量检查仪器、设备
2. 实施对检验批和分项工程的检查验收评定，正确填写检验批和分项工程质量验收记录表
3. 协助验收评定分部工程和单位工程的质量
4. 隐蔽工程的验收

八、识别质量缺陷，参与分析和处理（权重 0.20）

1. 识别道路工程中路基沉降变形、基层沉降变形、道路面层裂缝、检查井四周下沉等质量缺陷，并分析处理
2. 识别桥梁工程中桩身夹渣、现浇混凝土结构裂缝、伸缩缝不平、桥头搭板跳车等质量缺陷，并分析处理
3. 识别管道工程中基础下沉、接口漏水、回填土不密实等质量缺陷，并分析处理

九、参与调查、分析质量事故，提出处理意见（权重 0.05）

1. 提供质量事故调查处理的基础资料
2. 分析质量事故的原因

十、编制、收集、整理质量资料（权重 0.05）

1. 编制、收集、整理隐蔽工程的质量检查验收记录
2. 编制、汇总分项工程检验批的检查验收记录
3. 收集原材料的质量证明文件、复验报告
4. 收集结构物实体功能性检测报告
5. 收集分部工程、单位工程的验收记录

附注

通用知识执笔人：胡兴福

基础知识执笔人：张国京　沈　汛　侯洪涛　赵天庆

岗位知识与专业技能执笔人：张国京　沈　汛　侯洪涛　赵天庆

安全员考核评价大纲

通 用 知 识

一、熟悉国家工程建设相关法律法规（权重 0.03）

（一）《建筑法》
1. 从业资格的有关规定
2. 建筑安全生产管理的有关规定
3. 建筑工程质量管理的有关规定
（二）《安全生产法》
1. 生产经营单位安全生产保障的有关规定
2. 从业人员权利和义务的有关规定
3. 安全生产监督管理的有关规定
4. 安全事故应急救援与调查处理的规定
（三）《建设工程安全生产管理条例》、《建设工程质量管理条例》
1. 施工单位安全责任的有关规定
2. 施工单位质量责任和义务的有关规定
（四）《劳动法》、《劳动合同法》
1. 劳动合同和集体合同的有关规定
2. 劳动安全卫生的有关规定

二、熟悉工程材料的基本知识（权重 0.05）

（一）无机胶凝材料
1. 无机胶凝材料的分类及特性
2. 通用水泥的特性及应用
（二）混凝土
1. 混凝土的分类及主要技术性质
2. 常用混凝土外加剂的品种及应用
（三）砂浆
1. 砌筑砂浆的分类及应用
2. 抹面砂浆的分类及应用
（四）石材、砖和砌块
1. 砌筑用石材的分类及应用

2. 砖的分类及应用

3. 砌块的分类及应用

（五）钢材

1. 钢材的分类

2. 钢结构用钢材的品种及特性

3. 钢筋混凝土结构用钢材的品种及特性

三、熟悉施工图识读、绘制的基本知识（权重 0.04）

（一）施工图的基本知识

1. 房屋建筑施工图的组成及作用

2. 房屋建筑施工图的图示特点

（二）施工图的图示方法及内容

1. 建筑施工图的图示方法及内容

2. 结构施工图的图示方法及内容

3. 设备施工图的图示方法及内容

（三）施工图的识读

房屋建筑施工图识读的步骤与方法

四、了解工程施工工艺和方法（权重 0.03）

（一）地基与基础工程

1. 岩土的工程分类

2. 基坑（槽）开挖、支护及回填的主要方法

3. 混凝土基础施工工艺

（二）砌体工程

1. 砌体工程的种类

2. 砌体工程施工工艺

（三）钢筋混凝土工程

1. 常见模板的种类

2. 钢筋工程施工工艺

3. 混凝土工程施工工艺

（四）钢结构工程

1. 钢结构的主要连接方法

2. 钢结构安装施工工艺

（五）防水工程

1. 防水工程的主要种类

2. 防水工程施工工艺

五、熟悉工程项目管理的基本知识（权重 0.05）

（一）施工项目管理的内容及组织

1. 施工项目管理的基本内容
2. 施工项目管理的组织
（二）施工项目目标控制
1. 施工项目目标控制的基本任务
2. 施工项目目标控制的主要措施
（三）施工资源与现场管理
1. 施工资源管理的任务和内容
2. 施工现场管理的任务和内容

基 础 知 识

一、了解力学的基本知识（权重 0.10）

（一）平面力系
1. 力的基本性质
2. 力矩和力偶的性质
3. 平面力系的平衡方程
（二）静定结构的杆件内力
1. 杆件内力的概念
2. 静定桁架的内力分析
（三）杆件受力稳定
1. 杆件变形的基本形式
2. 压杆稳定性的概念

二、熟悉建筑构造、结构的基本知识（权重 0.20）

（一）建筑构造的知识
1. 民用建筑的基本构造
2. 民用建筑一般装饰构造
3. 单层厂房的基本构造
（二）建筑结构的知识
1. 无筋扩展基础、扩展基础、桩基础的基本知识
2. 现浇钢筋混凝土楼盖、钢筋混凝土框架的基本知识
3. 钢结构的基本知识
4. 砌体结构的基本知识

三、掌握环境与职业健康管理的基本知识（权重 0.10）

1. 环境与职业健康的基本原则
2. 施工现场环境保护的有关规定

岗 位 知 识

一、熟悉安全管理相关的管理规定和标准（权重0.20）

（一）施工安全生产责任制的管理规定

1. 施工单位、项目经理部、总分包单位安全生产责任制规定
2. 施工现场领导带班制度的规定

（二）施工安全生产组织保障和安全许可的管理规定

1. 施工企业安全生产管理机构、专职安全生产管理人员配备及其职责的规定
2. 施工安全生产许可证管理的规定
3. 施工企业主要负责人、项目负责人、专职安全生产管理人员安全生产考核的规定
4. 建筑施工特种作业人员管理的规定

（三）施工现场安全生产的管理规定

1. 施工作业人员安全生产权利和义务的规定
2. 安全技术措施、专项施工方案和安全技术交底的规定
3. 危险性较大的分部分项工程安全管理的规定
4. 建筑起重机械安全监督管理的规定
5. 高大模板支撑系统施工安全监督管理的规定

（四）施工安全技术标准知识

1. 施工安全技术标准的法定分类和施工安全标准化工作
2. 脚手架安全技术规范的要求
3. 基坑支护、土方作业安全技术规范的要求
4. 高处作业安全技术规范的要求
5. 施工用电安全技术规范的要求
6. 建筑起重机械安全技术规范的要求
7. 建筑机械设备使用安全技术规程的要求
8. 建筑施工模板安全技术规范的要求
9. 施工现场临时建筑、环境卫生、消防安全和劳动防护用品标准规范的要求
10. 施工企业安全生产评价标准的要求

二、掌握施工现场安全管理知识和规定（权重0.06）

（一）施工现场安全管理基本知识

1. 施工现场安全管理的基本要求
2. 施工现场安全管理的主要内容
3. 施工现场安全管理的主要方式

（二）施工现场设施和防护措施的管理规定

1. 施工现场临时设施和封闭管理的规定
2. 建筑施工消防安全的规定

3. 建筑工程安全防护、文明施工措施费用的规定

4. 施工人员劳动保护用品的规定

三、熟悉施工项目安全生产管理计划的内容和编制办法（权重 0.02）

1. 施工项目安全生产管理计划的主要内容

2. 施工项目安全生产管理计划的基本编制办法

四、熟悉安全专项施工方案的内容和编制办法（权重 0.02）

1. 安全专项施工方案的主要内容

2. 安全专项施工方案的基本编制办法

五、掌握施工现场安全事故的防范知识和规定（权重 0.05）

（一）施工现场安全防范基本知识

1. 施工现场安全事故的主要类型

2. 施工现场安全生产重大隐患及多发性事故

3. 施工现场安全事故的主要防范措施

（二）施工安全生产隐患排查和事故报告的管理规定

1. 重大隐患排查治理挂牌督办的规定

2. 施工生产安全事故报告和应采取措施的规定

六、掌握安全事故救援处理知识和规定（权重 0.05）

1. 安全事故的主要救援方法

2. 安全事故的处理程序及要求

3. 施工生产安全事故应急救援预案的规定

专 业 技 能

一、能够参与编制项目安全生产管理计划（权重 0.05）

1. 提供编制项目安全生产管理计划的依据

2. 编制项目安全检查制度和计划

二、能够参与编制安全事故应急救援预案（权重 0.10）

1. 编制安全事故应急救援预案有关应急响应程序

2. 制订多发性安全事故应急救援措施

三、能够对施工机械、临时用电、消防设施等进行安全检查，对防护用品与劳保用品进行符合性判断（权重 0.20）

1. 检查和评价施工现场施工机械安全

2. 检查和评价施工现场临时用电安全

3. 检查和评价施工现场消防设施安全

4. 检查和评价施工现场临边、洞口防护安全

5. 检查和评价分部分项工程施工安全技术措施

6. 进行安全帽、安全带、安全网和劳动防护用品的符合性判断

四、能够组织实施项目作业人员的安全教育培训（权重 0.10）

1. 制订工程项目安全教育培训计划

2. 组织施工现场安全教育培训

3. 组织班前安全教育活动

五、能够参与编制安全专项施工方案（权重 0.10）

1. 编制土方开挖与基坑支护工程安全技术措施

2. 编制降水工程安全技术措施

3. 编制模板工程安全技术措施

4. 编制起重吊装及安装拆卸工程安全技术措施

5. 编制脚手架工程安全技术措施

6. 编制季节性施工安全技术措施

六、能够参与编制安全技术交底文件，并实施安全技术交底（权重 0.10）

1. 编制分项工程安全技术交底文件

2. 监督实施安全技术交底

七、能够识别施工现场危险源，并对安全隐患和违章作业提出处置意见（权重 0.20）

1. 识别与施工现场管理缺失有关的危险源，并提出处置意见

2. 识别与施工现场人的行为不当有关的危险源，并提出处置意见

3. 识别与施工现场机械设备不安全状态有关的危险源，并提出处置意见

4. 识别与施工现场防护、环境管理不当有关的危险源，并提出处置意见

八、能够进行项目文明工地、绿色施工管理（权重 0.05）

1. 确定"文明施工"和"绿色施工"的管理范围

2. 进行施工现场文明施工和绿色施工的检查评价

九、能够参与进行安全事故的救援及处理（权重 0.05）

1. 根据应急救援预案采取相应的应急措施

2. 提供编写事故报告的基础资料

十、能够编制、收集、整理施工安全资料（权重 0.05）

1. 编制、收集、整理工程项目安全资料

2. 编写安全检查报告和总结

附注

通用知识执笔人：胡兴福

基础知识执笔人：赵　研　　张常明　　颜晓荣　　李梅芳　　吕　军

岗位知识执笔人：张鲁风　　王兰英　　赵子萱

专业技能执笔人：李　平　　任雁飞　　王志刚

标准员考核评价大纲

通 用 知 识

一、熟悉国家工程建设相关法律法规（权重 0.03）

（一）《建筑法》
1. 从业资格的有关规定
2. 建筑安全生产管理的有关规定
3. 建筑工程质量管理的有关规定
（二）《安全生产法》
1. 生产经营单位安全生产保障的有关规定
2. 从业人员权利和义务的有关规定
3. 安全生产监督管理的有关规定
4. 安全事故应急救援与调查处理的规定
（三）《建设工程安全生产管理条例》、《建设工程质量管理条例》
1. 施工单位安全责任的有关规定
2. 施工单位质量责任和义务的有关规定
（四）《劳动法》、《劳动合同法》
1. 劳动合同和集体合同的有关规定
2. 劳动安全卫生的有关规定

二、熟悉工程材料的基本知识（权重 0.05）

（一）无机胶凝材料
1. 无机胶凝材料的分类及特性
2. 通用水泥的特性、主要技术性质及应用
3. 特性水泥的特性及应用
（二）混凝土
1. 混凝土的分类及主要技术性质
2. 普通混凝土的组成材料及其主要技术要求
3. 混凝土配合比的概念
4. 轻混凝土、高性能混凝土、预拌混凝土的特性及应用
5. 常用混凝土外加剂的品种及应用
（三）砂浆

1. 砌筑砂浆的分类、特性及应用

2. 砌筑砂浆的主要技术性质、组成材料及其主要技术要求

3. 抹面砂浆的分类及应用

（四）石材、砖和砌块

1. 砌筑用石材的分类及应用

2. 砖的分类、主要技术要求及应用

3. 砌块的分类、主要技术要求及应用

（五）钢材

1. 钢材的分类及主要技术性能

2. 钢结构用钢材的品种及特性

3. 钢筋混凝土结构用钢材的品种及特性

（六）沥青材料及沥青混合料

1. 沥青材料的分类、技术性质及应用

2. 沥青混合料的分类、组成材料及其技术要求

三、掌握施工图识读、绘制的基本知识（权重 0.05）

（一）施工图的基本知识

1. 房屋建筑施工图的组成及作用

2. 房屋建筑施工图的图示特点

（二）施工图的图示方法及内容

1. 建筑施工图的图示方法及内容

2. 结构施工图的图示方法及内容

3. 设备施工图的图示方法及内容

（三）施工图的绘制与识读

1. 房屋建筑施工图绘制的步骤与方法

2. 房屋建筑施工图识读的步骤与方法

四、熟悉工程施工工艺和方法（权重 0.04）

（一）地基与基础工程

1. 岩土的工程分类

2. 常用地基处理方法

3. 基坑（槽）开挖、支护及回填方法

4. 混凝土基础施工工艺

5. 砖基础施工工艺

6. 石基础施工工艺

7. 桩基础施工工艺

（二）砌体工程

1. 砖砌体施工工艺

2. 石砌体施工工艺

3. 砌块砌体施工工艺

（三）钢筋混凝土工程

1. 常见模板的种类、特性及安拆施工要点

2. 钢筋工程施工工艺

3. 混凝土工程施工工艺

（四）钢结构工程

1. 钢结构的连接方法

2. 钢结构安装施工工艺

（五）防水工程

1. 防水砂浆防水工程施工工艺

2. 防水涂料防水工程施工工艺

3. 卷材防水工程施工工艺

五、了解工程项目管理的基本知识（权重 0.03）

（一）施工项目管理的内容及组织

1. 施工项目管理的内容

2. 施工项目管理的组织

（二）施工项目目标控制

1. 施工项目目标控制的任务

2. 施工项目目标控制的主要措施

（三）施工资源与现场管理

1. 施工资源管理的任务和内容

2. 施工现场管理的任务和内容

基 础 知 识

一、掌握建筑构造、建筑结构、建筑设备与市政工程的基本知识（权重 0.12）

（一）建筑构造的基本知识

1. 民用建筑的基本构造组成

2. 基础、钢筋混凝土楼板、墙体的一般构造

3. 钢筋混凝土楼梯的构造、电梯及自动扶梯的基本构造

4. 民用建筑常见门窗的基本构造

5. 屋顶的保温隔热、防水及排水的一般构造

6. 变形缝的基本构造

7. 民用建筑的一般装饰构造

8. 排架结构单层厂房的基本构造组成

（二）建筑结构的基本知识

1. 钢筋混凝土结构的基本知识

2. 钢结构的基本知识

3. 砌体结构的基本知识

（三）建筑设备的基本知识

1. 建筑给排水、供热工程的基本知识

2. 建筑通风与空调工程的基本知识

3. 建筑供电、照明工程的基本知识

（四）市政工程的基本知识

1. 城市桥梁的基本知识

2. 城镇道路的基本知识

3. 市政管线的基本知识

二、熟悉工程质量控制、检测的基本知识（权重 0.08）

（一）工程质量控制的基本知识

1. 工程质量控制的基本原理

2. 工程质量控制的基本方法

（二）工程检测的基本知识

1. 抽样检验的基本理论

2. 工程检测的基本方法

三、熟悉工程建设标准体系的基本内容和国家、行业工程建设标准体系（权重 0.05）

（一）基本概念

1. 标准的概念

2. 工程建设标准的概念

（二）工程建设标准化管理

1. 国家工程建设标准化管理体制

2. 工程建设标准管理机制

（三）工程建设标准体系的基本内容

1. 工程建设标准体系的基本概念

2. 工程建设标准体系的构成

四、了解施工方案、质量目标和质量保证措施编制及实施基本知识（权重 0.15）

（一）施工方案

1. 施工方案的概念和作用

2. 施工方案的基本内容与编制方法

3. 施工方案的组织实施

（二）质量目标

1. 质量目标的概念和作用

2. 质量目标的确定和分解

3. 质量目标的编制

4. 质量目标的组织实施

（三）质量保证措施

1. 质量保证措施的概念和作用

2. 质量保证措施的编制

3. 质量保证措施的组织实施

岗 位 知 识

一、掌握标准管理相关的管理规定和标准（权重 0.10）

（一）相关法规和管理规定

1. 工程建设标准实施与监督的相关规定

2. 工程质量管理的相关规定

3. 工程安全管理的相关规定

4. 新技术、新工艺、新材料应用管理的相关规定

（二）相关标准

1. 工程建设标准实施评价的相关标准

2. 建设项目实施工程建设标准评价的相关标准

3. 施工现场应用的相关标准

二、企业标准体系表的编制方法（权重 0.05）

1. 企业标准体系表的概念和作用

2. 企业标准体系表的构成

3. 企业标准体系表的编制方法

三、工程建设标准化监督检查的基本知识（权重 0.15）

（一）对质量验收规范实施的监督检查

1. 监督检查的基本知识

2. 监督检查的方法

（二）对施工技术规程实施的监督检查

1. 监督检查的基本知识

2. 监督检查的方法

（三）对试验、检验标准实施的监督检查

1. 监督检查的基本知识

2. 监督检查的方法

（四）工程建设标准的宣贯和培训

1. 工程建设标准宣贯和培训内容的确定方法

2. 组织开展工程建设标准宣贯和培训的方式、方法

四、标准实施执行情况记录及分析评价的方法（权重 0.10）

（一）记录标准执行情况
1. 记录的内容
2. 记录的方法
（二）标准评价方法
1. 标准应用状况评价方法
2. 标准实施的经济效果评价方法
3. 标准实施的社会效果评价方法
4. 标准实施的环境效果评价方法
5. 标准适用性的评价方法

专 业 技 能

一、能够组织确定工程项目应执行的工程建设标准及强制性条文（权重 0.10）

1. 确定工程项目应执行的工程建设标准
2. 编制工程项目应执行的工程建设标准及强制性条文明细表

二、能够参与制定工程建设标准贯彻落实的计划方案（权重 0.05）

制定工程建设标准实施计划方案

三、能够组织施工现场工程建设标准的宣贯和培训（权重 0.05）

1. 根据工程建设标准的适用范围合理确定宣贯内容和培训对象
2. 组织开展施工现场工程建设标准宣贯和培训

四、能够识读施工图（权重 0.10）

1. 识读砌体结构房屋建筑施工图、结构施工图、设备施工图
2. 识读多层混凝土结构房屋建筑施工图、结构施工图、设备施工图
3. 识读单层钢结构房屋建筑施工图、结构施工图、设备施工图

五、能够对不符合工程建设标准的施工作业提出改进措施（权重 0.10）

1. 判定施工作业与相关工程建设标准规定的符合程度
2. 判定施工质量检查和验收与相关工程建设标准规定的符合程度
3. 依据相关工程建设标准对施工作业提出改进措施

六、能够处理施工作业过程中工程建设标准实施的信息（权重 0.12）

1. 处理工程材料、设备进场试验、检验过程中相关标准实施的信息
2. 处理施工作业过程中相关工程建设标准实施的信息

3. 处理工程质量检查、验收过程中相关工程建设标准实施的信息

七、能够根据质量、安全事故原因，参与分析标准执行中的问题（权重 0.10）

1. 根据工程情况和施工条件提出质量、安全的保障措施
2. 根据质量、安全事故，分析相关工程建设标准执行中存在的问题

八、能够记录和分析工程建设标准实施情况（权重 0.08）

1. 记录工程建设标准执行情况
2. 分析工程项目施工阶段执行工程建设标准的情况，找出存在的问题

九、能够对工程建设标准实施情况进行评价（权重 0.15）

1. 评价现行标准对建设工程的覆盖情况
2. 评价标准的适用性和可操作性
3. 评价标准实施的经济、社会、环境等效果

十、能够收集、整理、分析对工程建设标准的意见，并提出建议（权重 0.10）

1. 及时传达标准制修订信息，收集反馈相关意见
2. 收集、整理标准实施过程中存在的问题，提出对相关标准的改进意见

十一、能够使用工程建设标准实施信息系统（权重 0.05）

1. 使用工程建设标准化管理信息系统
2. 应用国家及地方工程建设标准化信息网
3. 及时获取相关标准信息并更新

附注
通用知识执笔人：胡兴福
基础知识执笔人：李大伟　毛　凯
岗位知识与专业技能执笔人：李大伟　毛　凯

材料员考核评价大纲

通 用 知 识

一、熟悉国家工程建设相关法律法规（权重0.03）

（一）《建筑法》
1. 从业资格的有关规定
2. 建筑安全生产管理的有关规定
3. 建筑工程质量管理的有关规定
（二）《安全生产法》
1. 生产经营单位安全生产保障的有关规定
2. 从业人员权利和义务的有关规定
3. 安全生产监督管理的有关规定
4. 安全事故应急救援与调查处理的规定
（三）《建设工程安全生产管理条例》、《建设工程质量管理条例》
1. 施工单位安全责任的有关规定
2. 施工单位质量责任和义务的有关规定
（四）《劳动法》、《劳动合同法》
1. 劳动合同和集体合同的有关规定
2. 劳动安全卫生的有关规定

二、掌握工程材料的基本知识（权重0.06）

（一）无机胶凝材料
1. 无机胶凝材料的分类及其特性
2. 通用水泥的特性、主要技术性质及应用
3. 特性水泥的分类、特性及应用
（二）混凝土
1. 混凝土的分类及主要技术性质
2. 普通混凝土的组成材料及其技术要求
3. 轻混凝土、高性能混凝土、预拌混凝土的特性及应用
4. 常用混凝土外加剂的品种及应用
（三）砂浆
1. 砂浆的分类、特性及应用

2. 砌筑砂浆的主要技术性质

3. 砌筑砂浆的组成材料及其技术要求

（四）石材、砖和砌块

1. 石材的分类及应用

2. 砖的分类、主要技术要求及应用

3. 砌块的分类、主要技术要求及应用

（五）金属材料

1. 钢结构用钢材的品种及主要技术性质

2. 钢筋混凝土结构用钢材的品种及主要技术性质

3. 铝合金的分类及特性

4. 不锈钢的分类及特性

（六）沥青材料及沥青混合料

1. 沥青材料的分类、技术性质及应用

2. 沥青混合料的分类、组成材料及其技术要求

（七）防水材料及保温材料

1. 防水材料的分类、技术性质及应用

2. 保温材料的分类、技术性质及应用

三、了解施工图识读、绘制的基本知识（权重 0.03）

（一）施工图的基本知识

1. 房屋建筑施工图的组成及作用

2. 房屋建筑施工图的图示特点

（二）施工图的识读

房屋建筑施工图识读的步骤与方法

四、了解工程施工工艺和方法（权重 0.03）

（一）地基与基础工程

1. 岩土的工程分类

2. 基坑（槽）开挖、支护及回填的主要方法

3. 混凝土基础施工工艺

（二）砌体工程

1. 砌体工程的种类

2. 砌体工程施工工艺

（三）钢筋混凝土工程

1. 常见模板的种类

2. 钢筋工程施工工艺

3. 混凝土工程施工工艺

（四）钢结构工程

1. 钢结构的连接方法

2. 钢结构安装施工工艺

（五）防水工程

1. 防水工程的主要种类

2. 防水工程施工工艺

五、熟悉工程项目管理的基本知识（权重 0.05）

（一）施工项目管理的内容及组织

1. 施工项目管理的内容

2. 施工项目管理的组织

（二）施工项目目标控制

1. 施工项目目标控制的任务

2. 施工项目目标控制的措施

（三）施工资源与现场管理

1. 施工资源管理的任务和内容

2. 施工现场管理的任务和内容

基 础 知 识

一、了解建筑力学的基本知识（权重 0.10）

（一）平面力系

1. 力的基本性质

2. 力矩和力偶的性质

3. 平面力系的平衡方程

（二）杆件强度、刚度和稳定的基本概念

1. 杆件变形的基本形式

2. 应力、应变的基本概念

3. 杆件强度的概念

4. 杆件刚度和压杆稳定性的概念

（三）材料强度、变形的基本知识

1. 材料的强度及常用强度指标

2. 材料的变形

3. 强度和变形对材料选择使用的影响

（四）力学试验的基本知识

1. 材料的拉伸试验

2. 材料的压缩试验

3. 材料的弯曲试验

4. 材料的剪切试验

二、熟悉工程预算的基本知识（权重 0.10）

（一）工程计量

1. 建筑面积计算

2. 建筑工程的工程量计算

3. 装饰装修工程的工程量计算

4. 建筑设备安装工程的工程量计算

5. 市政工程的工程量计算

（二）工程造价计价

1. 工程造价构成

2. 工程造价的定额计价基本知识

3. 工程造价的工程量清单计价方法的基本知识

三、掌握物资管理的基本知识（权重 0.10）

（一）材料管理的基本知识

1. 材料管理的意义和任务

2. 材料管理的主要内容

（二）机械设备管理的基本知识

1. 施工机具的分类及装备原则

2. 机械设备管理的主要内容

四、熟悉抽样统计分析的基本知识（权重 0.10）

（一）数理统计的基本概念、抽样调查的方法

1. 总体、样本、统计量、抽样分布的概念

2. 抽样的方法

（二）材料数据抽样和统计分析方法

1. 材料数据抽样的基本方法

2. 数据统计分析的基本方法

岗 位 知 识

一、熟悉与材料管理相关的管理规定和标准（权重 0.05）

（一）建筑材料管理的有关规定

1. 选用、采购环节确保建筑材料质量的规定

2. 建设工程项目管理规范中关于建筑材料管理的规定

（二）建筑材料相关技术标准

1. 建筑材料技术标准的体系框架

2. 常用建筑材料技术标准的有关要求

二、熟悉市场调查分析的内容和方法（权重 0.05）

（一）市场的相关概念

1. 市场和建筑市场
2. 建筑市场的特点和构成

（二）市场的调查分析

1. 市场调查分析的概念
2. 市场调查的内容和方法

三、熟悉招投标和合同管理的基本知识（权重 0.05）

（一）建设项目招标与投标

1. 建筑材料、设备招标和政府采购的分类
2. 建筑材料、设备招标和政府采购的程序和方式
3. 建筑材料、设备投标和政府采购的工作机构及程序
4. 标价的计算与确定

（二）合同与合同管理

1. 合同的法律基础
2. 合同的订立与效力
3. 合同的履行与担保
4. 合同的变更、转让与终止
5. 违约责任承担与争议处理

（三）建设工程施工合同示范文本及建筑材料采购合同样本

1. 施工合同示范文本的结构、双方权利与义务、控制与管理性条款
2. 建筑材料采购合同样本

四、掌握建筑材料验收、存储、供应的基本知识（权重 0.20）

（一）材料的进场验收和复验

1. 进场验收和复验的意义
2. 进场验收和复验的方法
3. 常用建筑材料进场验收和复验的内容

（二）材料的仓储管理

1. 仓库分类及仓储管理规划
2. 仓储账务管理及仓储盘点

（三）材料的使用管理

1. 材料领发的要求及常用方法
2. 限额领料的方法
3. 材料的使用监督

（四）现场料具和周转材料管理

1. 现场料具管理

2. 周转材料管理

（五）现场材料的计算机管理

1. 材料计算机管理系统的主要功能

2. 材料计算机管理系统的操作要点

五、掌握建筑材料核算的内容和方法（权重 0.05）

（一）工程费用及成本核算

1. 工程费用的组成

2. 工程成本的分析

3. 工程材料费的核算

（二）材料核算的内容及方法

1. 材料、设备成本核算的内容

2. 材料采购的实际价格

3. 材料的供应核算

4. 材料的储备核算

5. 材料消耗量的核算

专 业 技 能

一、能够参与编制材料、设备配置管理计划（权重 0.10）

1. 进行材料、设备需用数量核算

2. 提供编制材料、设备配置计划相应的依据文件资料

3. 编制材料、设备配置管理实施方案

二、能够分析建筑材料市场信息，并进行材料、设备的采购（权重 0.05）

1. 根据市场信息确定材料、设备的采购方式和采购时机

2. 拟定采购合同的主要条款内容，预测并规避采购合同的风险

3. 组织进行材料、设备的采购、订货的准备和谈判

4. 完成采购及订货成交、进场和结算

三、能够对进场材料、设备进行符合性判断（权重 0.15）

1. 对水泥按验收批进行进场验收及记录，按检验批进行复验及记录

2. 对预拌混凝土按验收批进行进场验收及记录，按检验批进行复验及记录

3. 对砂浆按验收批进行进场验收及记录，按检验批进行复验及记录

4. 对线材和型材按验收批进行进场验收及记录，按检验批进行复验及记录

5. 对墙体材料按验收批进行进场验收及记录，按检验批进行复验及记录

6. 对防水、保温材料按验收批进行进场验收及记录，按检验批进行复验及记录

7. 对公路沥青、混合料和土工合成料按验收批进行进场验收及记录，按检验批进行
复验及记录

四、能够组织保管、发放施工材料和设备（权重 0.20）

1. 对进场水泥实施保管，对不合格水泥进行处理
2. 对进场钢材实施保管，并对钢材的代换应用提出建议
3. 对各类易损、易燃、易变质材料进行保管
4. 对常用施工设备实施保管
5. 按发料制度和程序进行计划发料和使用情况检查
6. 制定限额领料的方案并按管理流程实施

五、能够对危险物品进行安全管理（权重 0.10）

1. 执行现场危险物品管理责任制
2. 辨识现场危险源，提出危险物品存放方案，并储存管理
3. 进行现场危险物品发放管理

六、能够参与对施工余料、废弃物进行处置或再利用（权重 0.10）

1. 分析施工余料的产生情况
2. 提出对施工余料的处置建议
3. 提出对施工废弃物的处置意见

七、能够建立材料、设备的统计台账（权重 0.10）

1. 建立材料、设备的收、发、存台账
2. 根据领料单登记材料、设备的收、发、存台账
3. 使用计算机系统进行现场材料管理

八、能够参与进行材料、设备的成本核算（权重 0.10）

1. 按当期主要材料耗用数量登记实际成本台账
2. 找出主要材料超计划用料的原因，提出调整措施
3. 提出现场周转材料加快周转的措施
4. 进行现场料具成本核算
5. 提出周转材料的租赁及成本核算建议
6. 进行中小型设备的折旧及成本核算

九、能够编制、收集、整理施工材料和设备资料（权重 0.10）

1. 填写施工材料资料表
2. 填写施工设备资料表

附注

通用知识执笔人：胡兴福
基础知识执笔人：宋岩丽　马晓健　孟文华　王建民
岗位知识与专业技能执笔人：魏鸿汉

机械员考核评价大纲

通 用 知 识

一、熟悉国家工程建设相关法律法规（权重 0.05）

（一）《建筑法》

1. 从业资格的有关规定
2. 建筑安全生产管理的有关规定
3. 建筑工程质量管理的有关规定

（二）《安全生产法》

1. 生产经营单位安全生产保障的有关规定
2. 从业人员权利和义务的有关规定
3. 安全生产监督管理的有关规定
4. 安全事故应急救援与调查处理的规定

（三）《建设工程安全生产管理条例》、《建设工程质量管理条例》

1. 施工单位安全责任的有关规定
2. 施工单位质量责任和义务的有关规定

（四）《劳动法》、《劳动合同法》

1. 劳动合同和集体合同的有关规定
2. 劳动安全卫生的有关规定

二、了解工程材料的基本知识（权重 0.04）

（一）无机胶凝材料

1. 无机胶凝材料的分类及特性
2. 通用水泥的品种、特性及应用

（二）混凝土及砂浆

1. 混凝土的分类、组成材料及特性
2. 砂浆的分类、组成材料及特性

（三）石材、砖和砌块

1. 砌筑用石材的分类及应用
2. 砖的分类及应用
3. 砌块的分类及应用

（四）钢材

四、能够组织保管、发放施工材料和设备（权重 0.20）

1. 对进场水泥实施保管，对不合格水泥进行处理
2. 对进场钢材实施保管，并对钢材的代换应用提出建议
3. 对各类易损、易燃、易变质材料进行保管
4. 对常用施工设备实施保管
5. 按发料制度和程序进行计划发料和使用情况检查
6. 制定限额领料的方案并按管理流程实施

五、能够对危险物品进行安全管理（权重 0.10）

1. 执行现场危险物品管理责任制
2. 辨识现场危险源，提出危险物品存放方案，并储存管理
3. 进行现场危险物品发放管理

六、能够参与对施工余料、废弃物进行处置或再利用（权重 0.10）

1. 分析施工余料的产生情况
2. 提出对施工余料的处置建议
3. 提出对施工废弃物的处置意见

七、能够建立材料、设备的统计台账（权重 0.10）

1. 建立材料、设备的收、发、存台账
2. 根据领料单登记材料、设备的收、发、存台账
3. 使用计算机系统进行现场材料管理

八、能够参与进行材料、设备的成本核算（权重 0.10）

1. 按当期主要材料耗用数量登记实际成本台账
2. 找出主要材料超计划用料的原因，提出调整措施
3. 提出现场周转材料加快周转的措施
4. 进行现场料具成本核算
5. 提出周转材料的租赁及成本核算建议
6. 进行中小型设备的折旧及成本核算

九、能够编制、收集、整理施工材料和设备资料（权重 0.10）

1. 填写施工材料资料表
2. 填写施工设备资料表

附注

通用知识执笔人：胡兴福

基础知识执笔人：宋岩丽　马晓健　孟文华　王建民

岗位知识与专业技能执笔人：魏鸿汉

机械员考核评价大纲

通 用 知 识

一、熟悉国家工程建设相关法律法规（权重0.05）

（一）《建筑法》

1. 从业资格的有关规定
2. 建筑安全生产管理的有关规定
3. 建筑工程质量管理的有关规定

（二）《安全生产法》

1. 生产经营单位安全生产保障的有关规定
2. 从业人员权利和义务的有关规定
3. 安全生产监督管理的有关规定
4. 安全事故应急救援与调查处理的规定

（三）《建设工程安全生产管理条例》、《建设工程质量管理条例》

1. 施工单位安全责任的有关规定
2. 施工单位质量责任和义务的有关规定

（四）《劳动法》、《劳动合同法》

1. 劳动合同和集体合同的有关规定
2. 劳动安全卫生的有关规定

二、了解工程材料的基本知识（权重0.04）

（一）无机胶凝材料

1. 无机胶凝材料的分类及特性
2. 通用水泥的品种、特性及应用

（二）混凝土及砂浆

1. 混凝土的分类、组成材料及特性
2. 砂浆的分类、组成材料及特性

（三）石材、砖和砌块

1. 砌筑用石材的分类及应用
2. 砖的分类及应用
3. 砌块的分类及应用

（四）钢材

1. 钢材的分类及特性
2. 一般机械零件选材的原则

三、了解施工图识读、绘制的基本知识（权重 0.03）

（一）施工图的基本知识
1. 房屋建筑施工图的组成及作用
2. 房屋建筑施工图的图示特点
（二）施工图的识读
房屋建筑施工图识读的步骤与方法

四、了解工程施工工艺和方法（权重 0.03）

（一）地基与基础工程
1. 岩土的工程分类
2. 基坑（槽）开挖、支护及回填的主要方法
3. 混凝土基础施工工艺
（二）砌体工程
1. 砌体工程的种类
2. 砌体工程施工工艺
（三）钢筋混凝土工程
1. 常见模板的种类
2. 钢筋工程施工工艺
3. 混凝土工程施工工艺
（四）钢结构工程
1. 钢结构的连接方法
2. 钢结构安装施工工艺
（五）防水工程
1. 防水工程的主要种类
2. 防水工程施工工艺

五、熟悉工程项目管理的基本知识（权重 0.05）

（一）施工项目管理的内容及组织
1. 施工项目管理的内容
2. 施工项目管理的组织
（二）施工项目目标控制
1. 施工项目目标控制的任务
2. 施工项目目标控制的措施
（三）施工资源与现场管理
1. 施工资源管理的任务和内容
2. 施工现场管理的任务和内容

基 础 知 识

一、了解工程力学的基本知识（权重 0.03）

（一）平面力系
1. 力的基本性质
2. 力矩、力偶的性质
3. 平面力系的平衡方程
（二）静定结构的杆件内力
1. 单跨静定梁的内力计算
2. 多跨静定梁内力的概念
3. 静定桁架内力的概念
（三）杆件强度、刚度和稳定性
1. 杆件变形的基本形式
2. 应力、应变的概念
3. 杆件强度的概念
4. 杆件刚度和压杆稳定性的概念

二、了解工程预算的基本知识（权重 0.02）

（一）工程造价的基本概念
1. 工程造价的构成
2. 工程造价的定额计价方法的概念
3. 工程造价的工程量清单计价方法的概念
（二）建筑与市政工程施工机械使用费
1. 机械台班消耗量的确定
2. 机械台班预算单价的确定
3. 施工机械台班使用费的组成和计算方法
（三）建筑与市政工程机械施工费
1. 机械施工费的组成
2. 机械施工费的计算方法

三、掌握机械识图和制图的基本知识（权重 0.15）

（一）投影的基本知识
1. 点、直线、平面的投影特性
2. 三视图的投影规律
3. 基本体的三视图识读方法
4. 组合体相邻表面的连接关系和基本画法
（二）机械零件图及装配图的绘制

1. 钢材的分类及特性
2. 一般机械零件选材的原则

三、了解施工图识读、绘制的基本知识（权重 0.03）

（一）施工图的基本知识
1. 房屋建筑施工图的组成及作用
2. 房屋建筑施工图的图示特点
（二）施工图的识读
房屋建筑施工图识读的步骤与方法

四、了解工程施工工艺和方法（权重 0.03）

（一）地基与基础工程
1. 岩土的工程分类
2. 基坑（槽）开挖、支护及回填的主要方法
3. 混凝土基础施工工艺
（二）砌体工程
1. 砌体工程的种类
2. 砌体工程施工工艺
（三）钢筋混凝土工程
1. 常见模板的种类
2. 钢筋工程施工工艺
3. 混凝土工程施工工艺
（四）钢结构工程
1. 钢结构的连接方法
2. 钢结构安装施工工艺
（五）防水工程
1. 防水工程的主要种类
2. 防水工程施工工艺

五、熟悉工程项目管理的基本知识（权重 0.05）

（一）施工项目管理的内容及组织
1. 施工项目管理的内容
2. 施工项目管理的组织
（二）施工项目目标控制
1. 施工项目目标控制的任务
2. 施工项目目标控制的措施
（三）施工资源与现场管理
1. 施工资源管理的任务和内容
2. 施工现场管理的任务和内容

基 础 知 识

一、了解工程力学的基本知识（权重 0.03）

（一）平面力系
1. 力的基本性质
2. 力矩、力偶的性质
3. 平面力系的平衡方程
（二）静定结构的杆件内力
1. 单跨静定梁的内力计算
2. 多跨静定梁内力的概念
3. 静定桁架内力的概念
（三）杆件强度、刚度和稳定性
1. 杆件变形的基本形式
2. 应力、应变的概念
3. 杆件强度的概念
4. 杆件刚度和压杆稳定性的概念

二、了解工程预算的基本知识（权重 0.02）

（一）工程造价的基本概念
1. 工程造价的构成
2. 工程造价的定额计价方法的概念
3. 工程造价的工程量清单计价方法的概念
（二）建筑与市政工程施工机械使用费
1. 机械台班消耗量的确定
2. 机械台班预算单价的确定
3. 施工机械台班使用费的组成和计算方法
（三）建筑与市政工程机械施工费
1. 机械施工费的组成
2. 机械施工费的计算方法

三、掌握机械识图和制图的基本知识（权重 0.15）

（一）投影的基本知识
1. 点、直线、平面的投影特性
2. 三视图的投影规律
3. 基本体的三视图识读方法
4. 组合体相邻表面的连接关系和基本画法
（二）机械零件图及装配图的绘制

1. 零件图的绘制步骤和方法
2. 装配图的绘制步骤和方法

四、掌握施工机械设备的工作原理、类型、构造及技术性能（权重 0.2）

（一）常见机构类型及应用

1. 齿轮传动的类型、特点和应用
2. 螺纹和螺纹连接的类型、特点和应用
3. 带传动的工作原理、特点和应用
4. 轴的功用和类型

（二）液压传动

1. 液压传动原理
2. 液压系统中各元件的结构和作用
3. 液压回路的组成和作用

（三）常见施工机械的工作原理、类型及技术性能

1. 挖掘机的工作原理、类型及技术性能
2. 铲运机的工作原理、类型及技术性能
3. 装载机的工作原理、类型及技术性能
4. 平地机的工作原理、类型及技术性能
5. 桩工机械的工作原理、类型及技术性能
6. 混凝土机械的工作原理、类型及技术性能
7. 钢筋及预应力机械的工作原理、类型及技术性能
8. 起重机的工作原理、类型及技术性能
9. 施工升降机的工作原理、类型及技术性能
10. 小型施工机械机具的类型及技术性能

岗 位 知 识

一、熟悉机械管理相关的管理规定和标准（权重 0.10）

（一）建筑施工机械安全监督管理的有关规定

1. 特种机械设备租赁、使用的管理规定
2. 特种机械设备操作人员的管理规定
3. 建筑施工机械设备强制性标准的管理规定

（二）建筑施工机械安全技术规程、规范

1. 塔式起重机的安装、使用和拆卸的安全技术规程要求
2. 施工升降机的安装、使用和拆卸的安全技术规程要求
3. 建筑机械使用安全技术规程要求
4. 施工现场机械设备检查技术规程要求
5. 施工现场临时用电安全技术规范要求

二、熟悉施工机械设备的购置、租赁知识（权重 0.06）

（一）施工项目机械设备的配置

1. 施工项目机械设备选配的依据和原则

2. 施工项目机械设备配置的技术经济分析

（二）施工机械设备的购置与租赁

1. 购置、租赁施工机械设备的基本程序

2. 机械设备购置、租赁合同的注意事项

3. 购置、租赁施工机械设备的技术试验内容、程序和要求

三、掌握施工机械设备安全运行、维护保养的基本知识（权重 0.08）

（一）施工机械设备安全运行管理

1. 施工机械设备安全运行管理体系的构成

2. 施工机械设备使用运行中的控制重点

3. 施工机械设备安全检查评价方法

（二）施工机械设备的维护保养

1. 施工机械设备的损坏规律

2. 一般机械设备的日常维护保养要求

3. 重点机械设备的日常维护保养要求

四、熟悉施工机械设备常见故障、事故原因和排除方法（权重 0.06）

（一）施工机械故障、事故原因

1. 施工机械常见故障

2. 施工机械事故原因

（二）施工机械故障的排除方法

1. 施工机械故障零件修理法

2. 施工机械故障替代修理法

3. 施工机械故障零件弃置法

五、掌握施工机械设备的成本核算方法（权重 0.05）

1. 施工机械设备成本核算的原则和程序

2. 施工机械设备成本核算的主要指标

3. 施工机械的单机核算内容与方法

六、掌握施工临时用电安全技术规范和机械设备用电知识（权重 0.05）

（一）临时用电管理

1. 施工临时用电组织设计

2. 安全用电基本知识

（二）设备安全用电

1. 配电箱、开关箱和照明线路的使用要求
2. 保护接零和保护接地的区别
3. 漏电保护器的使用要求
4. 行程开关（限位开关）的使用要求

专 业 技 能

一、能够参与编制施工机械设备管理计划（权重 0.10）

1. 编制施工机械设备常规维修保养计划
2. 编制施工机械设备常规安全检查计划

二、能够参与施工机械设备的选型和配置（权重 0.10）

1. 根据施工方案及工程量选配机械设备
2. 根据施工机械使用成本合理优化机械设备

三、能够参与特种设备安装、拆卸工作的安全监督检查（权重 0.10）

1. 对特种机械的安装、拆卸作业进行安全监督检查
2. 对特种机械的有关资料进行符合性查验

四、能够参与组织特种设备安全技术交底（权重 0.10）

1. 编制特种设备安全技术交底文件
2. 进行特种设备安全技术交底

五、能够参与机械设备操作人员的安全教育培训（权重 0.10）

1. 编制现场机械设备操作人员安全教育培训计划
2. 组织机械设备操作人员进行安全教育培训

六、能够对特种设备运行状况进行安全评价（权重 0.10）

1. 根据特种设备运行状况、运行记录进行安全评价
2. 确定特种机械设备的关键部位、实施重点安全检查

七、能够识别、处理施工机械设备的安全隐患（权重 0.15）

1. 识别、处理恶劣气候条件下机械设备存在的安全隐患
2. 识别、处理施工机械设备安全保护装置的缺失
3. 识别、处理施工机械设备的违规使用问题

4. 识别、处理施工机械操作人员的违规操作行为

八、能够建立机械设备的统计台账（权重 0.05）

1. 建立机械设备运行基础数据统计台账
2. 建立机械设备能耗定额数据统计台账

九、能够进行施工机械设备成本核算（权重 0.10）

1. 进行大型机械的使用费单机核算
2. 进行中小型机械的使用费班组核算
3. 进行机械设备的维修保养费核算

十、能够编制、收集、整理施工机械设备资料（权重 0.10）

1. 收集、整理施工机械原始证明文件资料
2. 收集、整理施工机械安全技术验收资料
3. 编制、收集、整理施工机械常规安全检查记录文件

附注

通用知识执笔人：胡兴福
基础知识执笔人：李　健　张燕娜　刘延泰　陈再杰　谭培骏　曹德雄　吴成华
岗位知识与专业技能执笔人：李　健　张燕娜　刘延泰　陈再杰　谭培骏　曹德雄
吴成华

劳务员考核评价大纲

通　用　知　识

一、熟悉国家工程建设相关法律法规（权重0.05）

（一）《建筑法》
1. 关于从业资格的有关规定
2. 建筑安全生产管理的有关规定
3. 建筑工程质量管理的有关规定
（二）《安全生产法》
1. 关于生产经营单位安全生产保障的有关规定
2. 关于从业人员权利和义务的有关规定
3. 安全生产监督管理的有关规定
4. 安全事故应急救援与调查处理的规定
（三）《建设工程安全生产管理条例》、《建设工程质量管理条例》
1. 关于施工单位安全责任的有关规定
2. 关于施工单位质量责任和义务的有关规定
（四）《劳动法》、《劳动合同法》
1. 劳动合同和集体合同的有关规定
2. 劳动安全卫生的有关规定

二、了解工程材料的基本知识（权重0.03）

（一）无机胶凝材料
1. 无机胶凝材料的种类及其特性
2. 通用水泥的特性及应用
（二）混凝土
1. 混凝土的种类及主要技术性能
2. 普通混凝土的组成材料
3. 混凝土配合比的概念
（三）砂浆
1. 砂浆的种类及应用
2. 砂浆配合比的概念
（四）石材、砖和砌块

1. 砌筑用石材的种类及应用

2. 砖的种类及应用

3. 砌块的种类及应用

(五) 钢材

1. 钢材的种类

2. 钢结构用钢材的品种及特性

3. 钢筋混凝土结构用钢材的品种及特性

三、了解施工图识读、绘制的基本知识 (权重 0.04)

(一) 施工图的基本知识

1. 房屋建筑施工图的组成及作用

2. 房屋建筑施工图的图示特点

(二) 施工图的识读

房屋建筑施工图识读的步骤与方法

四、了解工程施工工艺和方法 (权重 0.03)

(一) 地基与基础工程

1. 岩土的工程分类

2. 基坑 (槽) 开挖、支护及回填的主要方法

3. 混凝土基础施工工艺

(二) 砌体工程

1. 砌体工程的种类

2. 砌体工程施工工艺

(三) 钢筋混凝土工程

1. 常见模板的种类

2. 钢筋工程施工工艺

3. 混凝土工程施工工艺

(四) 钢结构工程

1. 钢结构的连接方法

2. 钢结构安装施工工艺

(五) 防水工程

1. 防水工程的主要种类

2. 防水工程施工工艺

五、熟悉工程项目管理的基本知识 (权重 0.05)

(一) 施工项目管理的内容及组织

1. 施工项目管理的内容

2. 施工项目管理的组织

(二) 施工项目目标控制

1. 施工项目目标控制的任务
2. 施工项目目标控制的措施
（三）施工资源与现场管理
1. 施工资源管理的任务和内容
2. 施工现场管理的任务和内容

基 础 知 识

一、熟悉劳动保护的相关规定（权重 0.07）

（一）劳动保护内容的相关规定
1. 工作时间、休息时间、休假制度的规定
2. 劳动安全与卫生
3. 女职工、未成年工的劳动保护
（二）劳动保护措施及费用的相关规定
1. 不同作业环境下劳动保护措施的规定
2. 劳动保护用品的规定
3. 劳动保护费用的规定
（三）劳动争议与法律责任
1. 劳动争议的类型与解决方式
2. 用人单位的法律责任

二、熟悉流动人口管理的相关规定（权重 0.03）

（一）流动人口的合法权益
1. 流动人口享有的权益
2. 流动人口权益的保障
（二）流动人口的从业管理
1. 流动人口从事生产经营活动相关证件的办理
2. 流动人口就业上岗的规定
（三）地方政府部门对流动人口管理的职责
1. 流动人口管理的责任分工
2. 流动人口管理的行政处罚事项

三、掌握信访工作的基本知识（权重 0.05）

（一）信访工作组织与责任
1. 信访工作机构、制度、机制
2. 信访工作人员的法律责任
（二）信访渠道与事项的提出与受理
1. 信访渠道与信访人的法律责任

2. 信访事项提出的类型与形式

3. 信访事项的受理方式及相关规定

（三）信访事项的办理

1. 信访事项的办理方式及时间规定

2. 信访事项办理的答复

四、了解人力资源开发及管理的基本知识（权重 0.10）

（一）人力资源开发与管理的基本原理

1. 人力资源管理的理论基础

2. 人力资源规划的定义、原则和内容

（二）人员招聘与动态管理

1. 招聘的程序、原则、渠道

2. 人员的内部流动管理及流出管理

（三）人员培训

1. 培训的形式

2. 培训的内容

（四）绩效与薪酬管理

1. 绩效管理的内容和方法

2. 薪酬管理的目标、内容和类型

五、了解财务管理的基本知识（权重 0.05）

（一）成本与费用

1. 费用与成本的关系

2. 工程成本的范围

3. 期间费用的范围

（二）收入与利润

1. 收入的分类及确认

2. 工程合同收入的计算

3. 利润的计算与分配

六、掌握劳务分包合同的相关知识（权重 0.10）

（一）合同的基本知识

1. 签订合同的基本原则

2. 合同的定义和效力

3. 合同的形式、示范文本的种类

4. 自拟合同的法律规定

5. 合同争议的解决途径、方式和诉讼时效

（二）劳务分包合同管理

1. 劳务分包合同签订的流程

2. 劳务分包合同条款

3. 劳务分包合同价款的确定

4. 劳务分包合同履约过程管理

5. 劳务分包合同审查

岗 位 知 识

一、熟悉劳务员岗位相关的标准和管理规定（权重 0.05）

（一）建筑业劳务用工、持证上岗管理规定

1. 劳务用工对个人的规定

2. 劳务用工对企业的规定

3. 持证上岗的制度规定

（二）建筑劳务企业资质制度的相关规定

1. 建筑劳务企业分类及资质标准

2. 建筑劳务企业工程作业分包范围

（三）农民工权益保护的有关规定

1. 解决农民工问题的指导思想和基本原则

2. 农民工权益保护的一般规定

3. 农民工的就业服务

4. 国家关于农民工工资支付政策的主要内容和要求

5. 违反农民工工资支付规定的处罚

6. 农民工权益保护、监督与保障

（四）工伤事故处理程序

1. 工伤与伤亡事故的分类、认定及工伤保险

2. 抢救伤员与保护现场

3. 工伤事故的报告、调查与处理

二、熟悉劳动定额的基本知识（权重 0.05）

（一）劳动定额及其制定方法

1. 劳动定额的概念、表达形式

2. 制定劳动定额的主要方法

（二）工作时间的界定

1. 工作时间的界定

2. 施工过程的概念

三、熟悉劳动力需求计划编制方法（权重 0.05）

（一）劳动力需求计划的编制

1. 劳动力需求计划的编制原则和要求

2. 劳动力总量需求计划的编制程序和方法

（二）劳动力计划平衡方法

1. 劳动力负荷曲线

2. 劳动力计划平衡的基本方法

四、掌握劳动合同的基本知识（权重 0.08）

（一）劳动合同的种类和内容

1. 劳动合同的概念、种类和特征

2. 劳动合同的格式与必备条款

3. 劳动合同的其他条款及当事人约定事项

4. 劳动合同的变更、解除及违约责任

（二）劳动合同审查的内容和要求

1. 劳动合同审查的内容

2. 劳动合同审查的要求

（三）劳动合同的实施和管理

1. 劳动合同的实施

2. 劳动合同的过程管理

3. 劳动合同的签订

（四）劳动合同的法律效力

1. 劳动合同法律效力的认定

2. 劳动合同纠纷的处理

五、掌握劳务分包管理的相关知识（权重 0.08）

（一）劳务分包管理的一般规定

1. 对劳务分包企业的规定

2. 对劳务人员的规定

（二）劳务招投标管理

1. 劳务招投标交易的特点

2. 劳务招投标工作内容

3. 劳务招投标管理工作流程

（三）劳务分包作业管理

1. 劳务分包队伍进出场管理

2. 劳务分包作业过程管理

（四）劳务分包队伍的综合评价

1. 劳务分包队伍综合评价的内容

2. 劳务分包队伍综合评价的方法

（五）劳务费用的结算与支付

1. 劳务人员工资的计算方式

2. 劳务费结算与支付管理的程序

3. 劳务费结算与支付管理的要求

4. 劳务费结算支付报表制度

六、掌握劳务用工实名制管理（权重0.03）

（一）实名制管理的作用、内容和重点

1. 实名制管理的作用

2. 实名制管理的内容和重点

（二）实名制备案系统管理程序

1. 实名制备案系统

2. 实名制系统的管理

（三）劳务管理资料

1. 劳务管理资料的范围与种类

2. 劳务管理资料的收集与整理

3. 劳务管理资料档案的编制与保管

七、掌握劳务纠纷处理办法（权重0.04）

（一）劳务纠纷常见形式及解决方法

1. 劳务纠纷的分类、形式

2. 解决劳务纠纷的合同内方法

3. 解决劳务纠纷的合同外方法

（二）劳务纠纷调解程序

1. 劳务纠纷调解的基本原则

2. 劳务纠纷调解的一般程序

（三）劳务工资纠纷应急预案

1. 劳务工资纠纷应急预案的编制

2. 劳务工资纠纷应急预案的组织实施

八、了解社会保险的基本知识（权重0.02）

（一）社会保险的依据与种类

1. 社会保险的法律依据与制度规定

2. 基本社会保险

3. 建筑施工企业工伤保险和意外伤害保险

（二）社会保险的管理

1. 社会保险费的征收

2. 社会保险争议的解决

专业技能

一、能够参与编制劳务需求及培训计划（权重 0.10）

1. 计算劳务用工数量及费用
2. 编制劳务用工需求计划表
3. 分析劳务培训需求
4. 编写劳务培训计划的主要内容

二、能够验证劳务队伍资质（权重 0.05）

1. 验证劳务队伍资质业绩情况
2. 验证劳务队伍管理情况

三、能够核验劳务人员身份、职业资格（权重 0.05）

1. 验证劳务人员身份情况
2. 审验劳务人员职业资格证书

四、能够对劳务分包合同进行评审、对劳务队伍进行综合评价（权重 0.10）

（一）评审劳务分包合同
1. 评审劳务分包合同的内容与条款
2. 评审劳务分包合同的主体与形式
3. 评价劳务分包方施工与资源保障能力
4. 监督劳务分包合同的实施
（二）对劳务队伍进行综合评价
1. 实施劳务队伍综合评价
2. 反馈综合评价结果

五、能够对劳动合同进行规范性审查（权重 0.10）

1. 审查订立劳动合同的主体
2. 审查劳动合同书内容

六、能够核实劳务分包款、劳务人员工资（权重 0.20）

1. 核实进场前是否及时签订劳务分包合同
2. 核实劳务费是否在合同中单列
3. 核实劳务费是否及时结算和签认
4. 核实劳务人员工资表的编制、公示和确认
5. 核实劳务人员工资的实际支付情况

七、能够建立劳务人员个人工资台账（权重 0.10）

1. 建立劳务人员考勤表
2. 建立劳务人员工资表
3. 建立劳务人员工资台账

八、能够参与编制劳务人员工资纠纷应急预案并组织实施（权重 0.10）

1. 编写工资纠纷应急预案的主要内容
2. 建立工资纠纷应急处理的组织管理系统
3. 实施劳务人员工资纠纷应急预案

九、能够参与调解、处理劳务纠纷和工伤事故的善后工作（权重 0.10）

1. 判断劳务纠纷性质及其原因
2. 调解并协商处理劳务纠纷
3. 协助办理工伤及工伤事故的认定
4. 协助办理工伤或伤亡职工的治疗与抚恤手续
5. 协助处理工伤及伤亡保险事项

十、能够编制、收集、整理劳务管理资料（权重 0.10）

1. 建立劳务资料目录、登记造册
2. 收集、审查劳务管理资料
3. 制订劳务管理资料的安全防护措施

附注

通用知识执笔人：胡兴福

基础知识执笔人：尤　完　董慧凝　肖　卓　喻显平　尤天翔　刘丽萍

岗位知识与专业技能执笔人：尤　完　刘哲生　肖　卓　喻显平　李红意

尤天翔　刘丽萍

资料员考核评价大纲

通 用 知 识

一、熟悉国家工程建设相关法律法规（权重 0.05）

（一）《建筑法》

1. 从业资格的有关规定

2. 建筑安全生产管理的有关规定

3. 建筑工程质量管理的有关规定

（二）《安全生产法》

1. 生产经营单位安全生产保障的有关规定

2. 从业人员权利和义务的有关规定

3. 安全生产监督管理的有关规定

4. 安全事故应急救援与调查处理的规定

（三）《建设工程安全生产管理条例》、《建设工程质量管理条例》

1. 施工单位安全责任的有关规定

2. 施工单位质量责任和义务的有关规定

（四）《劳动法》、《劳动合同法》

1. 劳动合同和集体合同的有关规定

2. 劳动安全卫生的有关规定

二、了解工程材料的基本知识（权重 0.03）

（一）无机胶凝材料

1. 无机胶凝材料的分类及特性

2. 通用水泥的品种及应用

（二）混凝土

1. 普通混凝土的分类及主要技术性质

2. 普通混凝土的组成材料及其主要技术要求

（三）砂浆

1. 砂浆的分类及主要技术性质

2. 砌筑砂浆的技术性质、组成材料及其主要技术要求

（四）石材、砖和砌块

1. 砌筑用石材的分类及应用

2. 砖的分类及应用

3. 砌块的分类及应用

（五）钢材

1. 钢材的分类

2. 钢结构用钢材的品种及特性

3. 钢筋混凝土结构用钢材的品种及特性

三、熟悉施工图识读、绘制的基本知识（权重 0.05）

（一）施工图的基本知识

1. 房屋建筑施工图的组成及作用

2. 房屋建筑施工图的图示特点

（二）施工图的图示方法及内容

1. 建筑施工图的图示方法及内容

2. 结构施工图的图示方法及内容

3. 设备施工图的图示方法及内容

（三）施工图的识读

房屋建筑施工图识读的步骤与方法

四、了解工程施工工艺和方法（权重 0.03）

（一）地基与基础工程

1. 岩土的工程分类

2. 基坑（槽）开挖、支护及回填的主要方法

（二）砌体工程

1. 砌体工程的种类

2. 砌体工程施工工艺

（三）钢筋混凝土工程

1. 常见模板的种类

2. 钢筋工程施工工艺

3. 混凝土工程施工工艺

（四）钢结构工程

1. 钢结构构件的主要连接方法

2. 钢结构安装施工工艺

（五）防水工程

1. 防水工程的主要种类

2. 防水工程施工工艺

五、熟悉工程项目管理的基本知识（权重 0.04）

（一）施工项目管理的内容及组织

1. 施工项目管理的内容

2. 施工项目管理的组织

（二）施工项目目标控制

1. 施工项目目标控制的任务

2. 施工项目目标控制的措施

（三）施工资源与现场管理

1. 施工资源管理的任务和内容

2. 施工现场管理的任务和内容

基 础 知 识

一、了解建筑构造、建筑设备及工程预算的基本知识（权重 0.15）

（一）建筑构造的基本知识

1. 民用建筑的基本构造组成

2. 常见基础的构造

3. 常见建筑墙体的构造

4. 楼板与地坪的构造

5. 民用建筑一般装修构造

6. 单层厂房的一般构造

（二）建筑设备的基本知识

1. 建筑给水排水系统基础知识

2. 建筑供暖系统基础知识

3. 建筑通风与空调系统基础知识

4. 建筑电气基础知识

（三）工程造价的基本概念

1. 工程造价的构成

2. 工程造价的定额计价概念

3. 工程造价的工程量清单计价概念

二、掌握计算机和相关资料管理软件的应用知识（权重 0.15）

（一）计算机系统基础知识

1. 计算机基本组成及功能的基本知识

2. 计算机软件知识

3. 计算机系统安全知识

（二）计算机文字处理应用基本知识

1. Word、Excel 的基本操作

2. PowerPoint 的基本操作

（三）工程资料专业管理软件的应用知识

1. 工程资料管理软件的种类、特点和功能

2. 工程资料管理软件的新建、保存、删除、导入和导出
3. 工程资料管理软件技术资料编辑的方法
4. 工程资料管理软件技术资料组卷的方法
5. 工程资料管理电子文件安全管理

三、掌握文秘、公文写作基本知识（权重0.10）

（一）公文写作的基本知识
1. 公文的类型及写作一般步骤
2. 企业常用文书写作
（二）文秘各项工作的程序和要求
1. 信息收发工作
2. 文件、资料的传递、收集、审查及整理

岗 位 知 识

一、熟悉资料管理相关的管理规定和标准（权重0.10）

（一）建筑工程施工质量验收统一标准
1. 建筑工程质量验收要求
2. 建筑工程质量验收程序和组织要求
（二）建设工程项目管理、监理及施工组织设计规范
1. 建设工程项目管理组织与任务的要求
2. 建设工程监理人员、监理实施、监理资料的要求
3. 建筑施工组织设计内容与编制的要求

二、熟悉建筑工程竣工验收备案管理知识（权重0.10）

（一）建筑工程竣工验收备案管理
1. 建筑工程竣工验收备案的范围
2. 建筑工程竣工验收备案的文件
3. 建筑工程竣工验收备案的程序
（二）建筑工程竣工验收备案的实施
1. 施工单位的备案基础工作
2. 施工单位的备案实施要点

三、掌握城建档案管理、施工资料管理及建筑业统计的基础知识（权重0.12）

（一）城建档案管理的基础知识
1. 建筑工程文件归档整理规范的基本规定
2. 建筑工程文件归档范围及质量要求
3. 建筑工程文件的立卷及归档

4. 建筑工程档案的验收与移交

（二）施工资料管理的基础知识

1. 施工资料的分类方法

2. 施工前期、施工中期、竣工验收各阶段施工资料管理的知识

（三）建筑业统计的基础知识

1. 建筑业统计的基本知识

2. 施工现场统计工作内容

四、资料安全管理的有关规定（权重 0.08）

1. 资料安全管理的有关规定

2. 资料安全管理责任制度及过程

3. 资料安全的保密措施

专 业 技 能

一、能够参与编制施工资料管理计划（权重 0.20）

1. 编制施工资料管理规划

2. 进行工程资料分类与分卷，建立施工资料章、节、项、目编制资料管理实施细则（手册）

二、能够建立施工资料收集台账（权重 0.10）

1. 建立施工资料收集登记制度

2. 建立施工资料台账

三、能够进行施工资料交底（权重 0.10）

1. 确定施工资料交底的对象

2. 确定施工资料交底内容

四、能够收集、审查与整理施工资料（权重 0.10）

1. 进行施工资料（C 类）的收集、审查、整理

2. 进行竣工图（D 类）资料的收集、审查、整理

五、能够检索、处理、存储、传递、追溯、应用施工资料（权重 0.10）

1. 进行施工资料的检索、处理和存储

2. 进行施工资料的传递、追溯和应用

六、能够安全保管施工资料（权重 0.10）

1. 建立纸质资料和电子化资料的安全防护措施

2. 建立信息安全管理制度和信息保密制度

七、能够对施工资料立卷、归档、验收与移交（权重 0.10）

1. 进行施工资料立卷和归档
2. 进行施工资料验收和移交

八、能够参与建立项目施工资料计算机辅助管理平台（权重 0.10）

1. 为建立资料管理计算机辅助管理平台提供资料
2. 进行项目施工资料的录入和整理

九、能够应用专业软件进行施工资料的处理（权重 0.10）

1. 进行专业软件的操作与管理
2. 应用专业软件处理施工资料

附注

通用知识执笔人：胡兴福
基础知识执笔人：李　光　张巨虹　周海涛　杨海平　胡世琴　陈新刚
岗位知识与专业技能执笔人：李　光　李虎进　李顺江　周海涛